ZEITSCHRIFT FÜR ANGEWANDTE MATHEMATIK UND MECHANIK

INGENIEURWISSENSCHAFTLICHE FORSCHUNGSARBEITEN

HERAUSGEGEBEN VON G. SCHMIDT, BERLIN

BAND 57 1977 HEFT 9

AUS DEM INHALT

HAUPTAUFSÄTZE

THEORIA CUM PRAXI

AKADEMIE-VERLAG · BERLIN

ZAMM Bd. 57 Nr. 9 S. 501—564 Berlin, September 1977

EVP 18,— M 34115

INHALT

Wir bitten, **Manuskriptsendungen** zweifach (Original und eine Kopie, sprachlich einwandfrei, Formeln mit Maschine oder in Druckschrift geschrieben) an folgende Anschrift zu richten:

Zeitschrift für Angewandte Mathematik und Mechanik z. Hd. Herrn Prof. Dr. Günter Schmidt
Zentralinstitut für Mathematik und Mechanik an der Akademie der Wissenschaften der DDR
DDR-108 Berlin, Mohrenstraße 39.

Zu den Arbeiten, die als Hauptaufsätze bestimmt sind, ist auf gesondertem Blatt eine Zusammenfassung von 5 bis 10 Zeilen in englischer und (möglichst) deutscher und russischer Sprache beizufügen. Ausführliche Hinweise für die Autoren, um deren strikte Berücksichtigung gebeten wird, finden sich im Anschluß an das Inhaltsverzeichnis des Jahrganges **56** (1976).

Die Autoren erhalten von den Hauptaufsätzen 75, von den Kleinen Mitteilungen 25 Sonderdrucke ohne Berechnung, darüber hinaus weitere Sonderdrucke gegen Berechnung.

Der Verlag behält sich für alle Beiträge das Recht der Vervielfältigung und Übersetzung vor.

Bezugsmöglichkeiten: Bestellungen sind zu richten

— **in der DDR** an den Postzeitungsvertrieb; an eine Buchhandlung oder an den Akademie-Verlag, DDR-108 Berlin, Leipziger Straße 3—4

— **im sozialistischen Ausland** an eine Buchhandlung für fremdsprachige Literatur oder an den zuständigen Postzeitungsvertrieb

— **in der BRD und Westberlin** an eine Buchhandlung oder an die Auslieferungsstelle KUNST UND WISSEN, Erich Bieber, 7 Stuttgart 1, Wilhelmstraße 4—6

— **in Österreich** an den Globus-Buchvertrieb, 1201 Wien, Höchstädtplatz 3

— **im übrigen Ausland** an den Internationalen Buch- und Zeitschriftenhandel; den Buchexport, Volkseigener Außenhandelsbetrieb der Deutschen Demokratischen Republik, DDR-701 Leipzig, Postfach 160, oder an den Akademie-Verlag, DDR-108 Berlin, Leipziger Straße 3—4.

ZEITSCHRIFT FÜR ANGEWANDTE MATHEMATIK UND MECHANIK
Herausgeber und Chefredakteur: Prof. Dr. Günter Schmidt (redaktionelle Mitarbeit: Dr. W. Heinrich und Dr. H. Weinert), Zentralinstitut für Mathematik und Mechanik der Akademie der Wissenschaften der DDR, Verlag: Akademie-Verlag, DDR-108 Berlin, Leipziger Straße 3—4; Fernruf: 2236221 oder 2236229; Telex-Nr.: 114420; Postscheckkonto: Berlin 35021. Bank: Staatsbank der DDR, Berlin, Kto.-Nr.: 6836-26-20712. Anschrift der Redaktion: Zentralinstitut für Mathematik und Mechanik der Akademie der Wissenschaften, DDR-108 Berlin, Mohrenstraße 39; Fernruf: 2000561.

Veröffentlicht unter der Lizenznummer 1282 des Presseamtes beim Vorsitzenden des Ministerrates der Deutschen Demokratischen Republik. Gesamtherstellung: VEB Druckerei „Thomas Müntzer", DDR-582 Bad Langensalza. Erscheinungsweise: Die Zeitschrift für Angewandte Mathematik und Mechanik erscheint monatlich. Die 12 Hefte eines Jahres einschließlich Tagungsheft bilden einen Band. Bezugspreis je Band 300,— M zuzüglich Versandspesen (Preis für die DDR 216,— M). Bezugspreis je Heft 25,— M (Preis für die DDR 18,—M). Bestellnummer dieses Heftes: 1009/57/9.

AN (EDV) 35 937

ZAMM 57, 501 – 506 (1977)

BODO WERNER

Über eine Beziehung zwischen komplementären und nichtkonformen finiten Elementen

Wir untersuchen die Konstruktion von speziellen Finiten-Element-Räumen, die konform für das komplementäre Energieprinzip für allgemeine lineare elliptische Randwertaufgaben sind. Die mit diesen Räumen arbeitenden Finiten-Element-Methoden stellen sich als nichtkonforme Methode für das Energieprinzip heraus und erfüllen einen verallgemeinerten Patch-Test. Von einigen bekannten speziellen nichtkonformen finiten Elementen kann auf diese Weise gezeigt werden, daß sie untere Schranken für die Energie liefern.

We investigate the construction of special finite element spaces which are conforming for the complementary energy for general linear elliptic boundary value problems. The finite element method based on these spaces turns out to be a nonconforming method for the energy principle satisfying a generalized patch test. Thereby we rediscover some well known nonconforming methods which now can be shown yield lower bounds for the energy.

Мы исследуем конструкцию пространств специального финитного элемента, являющихся конформными в случае дополнительного энергетического принципа для общих линейных эллиптических краевых задач. Оперирующие в этих пространствах методы финитного элемента оказываются неконформными методами для энергетического принципа и удовлетворяют, при этом, тесту Пач. Таким образом, на некоторых известных специальных неконформных финитных элементах можно показать, что они приводят к нижней границе для энергии.

1. Einleitung

Häufig läßt sich die Lösung einer elliptischen Randwertaufgabe durch zwei zueinander komplementäre Extremalprinzipien charakterisieren (s. VELTE [19]). Diese gestatten dann prinzipiell eine Einschließung z. B. der Torsionssteifigkeit eines elastischen Zylinders, der Kapazität eines Kondensators oder der Energie eines deformierten elastischen Körpers sowie eine Energienormabschätzung der Lösung — etwa nach der Hyperkreismethode von PRAGER und SYNGE [13] (siehe auch SYNGE [17] und AUBIN / BURCHARD [1]).

Die Finite-Element-Methode bietet sich hier förmlich an. Sie wird jedoch meist als RITZ-Verfahren aus einem dieser beiden Extremalprinzipien, dem Prinzip der minimalen potentiellen Energie für die „Verschiebungen", das wir hier vereinfacht „DIRICHLET'sches Prinzip" nennen wollen, abgeleitet. Man spricht von *konformen* Finiten-Element-Methoden, falls der zugehörige Finite-Element-Raum im Energieraum des DIRICHLET'schen Prinzips enthalten ist, andernfalls von *nichtkonformen* finiten Elementen (s. STRANG / FIX [16]). Grob gesprochen, hängt die Schwierigkeit der Konstruktion solcher konformer Finiter-Element-Räume von der Beschaffenheit des Randes und der Randbedingungen der Randwertaufgabe ab.

Weniger bekannt jedoch sind Finite-Element-Methoden als TREFFTZ-Verfahren zur Lösung des komplementären Variationsprinzips. Zwar haben schon 1956 HERSCH / PFLUGER / SCHOPF [6] eine solche Finite-Element-Methode durchgeführt, und Ingenieuren sind die sogenannten Gleichgewichtselemente ein Begriff (s. COOK [3]). Jedoch fehlt es an einer systematischen Untersuchung der Frage, welche finiten Elemente zulässig für das komplementäre Variationsprinzip sind, bzw. welche Finite-Element-Räume in dem HILBERT-Raum enthalten sind, der dem komplementären Prinzip zugrunde liegt.

Dieser Frage gehen wir hier bei linearen Randwertaufgaben nach. Unter Zugrundelegung einer präzisen Definition eines Finiten Elements, die insbesondere den Begriff „Knoten" sehr allgemein faßt, geben wir eine Kompatibilitätsbedingung zwischen Bilinearform der Randwertaufgabe und finiten Elementen an, die in Abhängigkeit von Differentialgleichung und natürlichen Randbedingungen zur Konstruktion „komplementärer Finiter-Element-Räume" genutzt werden kann. Die zugehörigen Finiten-Element-Gleichungen sind dann identisch mit denen nichtkonformer finiter Elemente zur Lösung des DIRICHLET-Prinzips, die einem verallgemeinerten Patch-Test genügen. Solche Beziehungen zwischen Gleichgewichtselementen und (nichtkonformen) Verschiebungsmethoden sind Ingenieuren nicht neu (man vgl. etwa FRAEIJS DE VEUBEKE [5]).

Als Spezialfälle ergeben sich für die Bipotentialgleichung das MORLEY-Element [10], für die Potentialgleichung u. a. ein nichtkonformes lineares Element, dessen Konvergenz CROUZEIX / RAVIART [4] untersuchten.

Kurz hingewiesen werden sollte noch auf die sogenannten „gemischten" Finiten-Element-Methoden, die zwar über das Prinzip von HELLINGER / REISSNER mit dem komplementären Variationsprinzip zusammenhängen, jedoch keine Finiten-Element-Räume verwenden, die zulässig für das komplementäre Variationsprinzip sind (BREZZI / RAVIART [2]).

2. Komplementäre Variationsprinzipien und das TREFFTZ'sche Verfahren

X sei reeller HILBERT-Raum, hier stets ein SOBOLEW-Raum $H^k(\Omega)$ mit beschränktem Gebiet $\Omega \subset R^n$. Die Lösungen vieler linearer elliptischer Randwertaufgaben lassen sich mit Hilfe einer auf X semidefiniten, symmetrischen, stetigen Bilinearform $a(.,.)$, einem abgeschlossenen Teilraum $V \subset X$ und einem $u^0 \in X$ als Lösung der DIRICHLET'schen Variationsaufgabe (bzw. Variationsgleichung)

$$\left.\begin{array}{l} J[u] := a(u, u) = \min! \\ \text{oder} \\ a(u, \varphi) = 0 \quad \text{für} \quad \varphi \in V \end{array}\right\} u \in V + u^0 \tag{2.1}$$

charakterisieren. Wir beschränken uns also auf homogene Differentialgleichungen, lassen aber Randbedingungen allgemeiner Form zu.

Zur Darstellung des komplementären Variationsprinzips setzen wir voraus (s. VELTE [19]), daß mit einem weiteren reellen HILBERT-Raum $(H, (.,.))$, hier stets ein $L_2(\Omega)^N$, ein linearer, stetiger Operator $T \in L(X, H)$ mit

$$a(u, v) = (Tu, Tv) \quad \text{für} \quad u, v \in X$$

existiert. Sei

$$W := \{w \in H |\ (w, T\varphi) = 0 \quad \text{für alle} \quad \varphi \in V\}.$$

Dann lautet die zu (2.1) komplementäre Variationsaufgabe (bzw. Variationsgleichung)

$$\left.\begin{array}{l} K[w] := -(w, w) + 2(Tu^0, w) = \max! \\ \text{oder} \\ (w, z) = (Tu^0, z) \quad \text{für alle} \quad z \in W \end{array}\right\} w \in W \tag{2.2}$$

Eine Lösung $\overline{u}$ von (2.1) liefert dann durch $\overline{w} = T\overline{u}$ eine Lösung von (2.2), und es gilt die *Energie-Einschließung*

$$K[w] \leqq K[\overline{w}] = J[\overline{u}] \leqq J[u] \quad \text{für} \quad w \in W, u \in V + u^0 .$$

In den nächsten Abschnitten werden wir auf die folgenden Beispiele 1 und 2 Bezug nehmen:

Beispiel 1:
$X = H^1(\Omega)$, $a(u, v) = \int\limits_\Omega \nabla u \nabla v \, dx$, $V = \overset{\circ}{H}{}^1(\Omega)$, $H = L_2(\Omega)^n$ und $Tu = \nabla u$. (2.1) und (2.2) charakterisieren die schwache Lösung des DIRICHLET-Problems

$$\Delta u = 0 \text{ in } \Omega , \qquad u = u^0 \text{ auf } \partial\Omega .$$

Beispiel 2:

$$\Omega \subset R^2 , \qquad X = H^2(\Omega) , \qquad V = \overset{\circ}{H}{}^2(\Omega) , \qquad H = L_2(\Omega)^4 , \qquad \mu \in [0, 1] ,$$

$$a(u, v) = \int\limits_\Omega \left\{\mu \Delta u \, \Delta v + (1 - \mu) \left(\frac{\partial^2 u}{\partial x^2} \cdot \frac{\partial^2 v}{\partial x^2} + \frac{\partial^2 u}{\partial y^2} \cdot \frac{\partial^2 v}{\partial y^2} + 2 \frac{\partial^2 u}{\partial x \partial y} \cdot \frac{\partial^2 v}{\partial x \partial y}\right)\right\} dx \, dy ,$$

$$Tu = \left(\sqrt{\mu} \Delta u , \sqrt{1 - \mu} \frac{\partial^2 u}{\partial x^2}, \sqrt{1 - \mu} \frac{\partial^2 u}{\partial y^2}, \sqrt{2(1 - \mu)} \frac{\partial^2 u}{\partial x \partial y}\right).$$

(2.1) und (2.2) charakterisieren die schwache Lösung der Plattengleichung

$$\Delta^2 u = 0 \text{ in } \Omega , \qquad u = u^0 \quad \text{und} \quad \frac{\partial u}{\partial n} = \frac{\partial u^0}{\partial n} \text{ auf } \partial\Omega ,$$

mit dem äußeren Normalenfeld n auf $\partial\Omega$.

Während das RITZsche Verfahren von (2.1) ausgeht, leitet sich das TREFFTZ'sche Verfahren aus (2.2) ab: Ausgehend von einem endlich-dimensionalen Teilraum $W_h \subset W$ wird (2.2) diskretisiert:

$$w_h \in W_h : (w_h, z_h) = (Tu^0, z_h) \quad \text{für alle} \quad z_h \in W_h. \tag{2.3}$$

Die Problematik des TREFFTZ'schen Verfahrens liegt in der Konstruktion von Teilräumen $W_h \subset W$. So enthält in Beispiel 1 W alle Vektorfelder $w \in L_2(\Omega)^n$, die $\operatorname{div} w = 0$ in schwacher Form genügen.

3. Komplementäre Finite-Element-Methode

Ω werde zerlegt in endlich viele (abgeschlossene) „Elemente" E_i $(i \in I)$ mit paarweise disjunktem Inneren:

$$\Omega = \bigcup_{i \in I} E_i .$$

Es gebe auf $H^k(E_i)$ bilineare, symmetrische, stetige $a_i(.,.)$ mit

$$a(u, v) = \sum_{i \in I} a_i(u_i, v_i) \quad \text{für} \quad u, v \in X = H^k(\Omega) , \tag{3.1}$$

wobei u_i die Restriktion von u auf E_i bezeichnet.
Versieht man

$$X_\tau := \{u : \Omega \to \mathbb{R} |\ u_i \in H^k(E_i), \ i \in I\}$$

mit der Produkttopologie, so läßt sich X stetig in X_τ einbetten und $a(.,.)$ kann bilinear, stetig, symmetrisch auf X_τ fortgesetzt werden — die Fortsetzung bezeichnen wir wieder mit $a(.,.)$. Wir nehmen an, daß sich T (wie in den Beispielen 1, 2) durch stückweise Definition stetig auf X_τ fortsetzen läßt:

$$T : X_\tau \to H, \qquad a(u, v) = (Tu, Tv) \quad \text{für alle} \quad u, v \in X_\tau .$$

Ist $V_h \subset X_\tau$ ein *Finiter-Element-Raum* und

$$\hat{V}_h := \{v_h \in V_h |\ Tv_h \in W\} , \tag{3.2}$$

so könnte man mit $W_h := T\hat{V}_h$ ein TREFFTZ'sches Verfahren (2.3) starten. Als *komplementäre Finite-Element-Methode* bezeichnen wir daher:

$$u_h \in \hat{V}_h : a(u_h, v_h) = a(u^0, v_h) \quad \text{für alle} \quad v_h \in \hat{V}_h . \tag{3.3}$$

Bemerkungen:

1. (3.3) ist i. a. nicht eindeutig lösbar, wohl aber (2.3).
2. Es gilt

$$KTv_h \leqq KTu_h = a(u_h, u_h) \leqq J[\bar{u}] \quad \text{für alle} \quad v_h \in \hat{V}_h . \tag{3.4}$$

4. Finite Elemente und Finite-Element-Räume

Definition 4.1: Unter einem *finiten Element* verstehen wir ein Tripel $(E, \{F_j\}_{j=1,\dots,m}, \mathcal{P})$ mit folgenden Eigenschaften:

(i) $E \subset \mathbb{R}^n$ ist abgeschlossen.

(ii) F_j sind lineare Funktionale auf $C^\infty(\mathbb{R}^n)$ mit Träger $T_j \subset E$, wobei $T_j \subset \mathbb{R}^n$ die kleinste abgeschlossene Menge ist mit: $F_j(\varphi) = 0$ für alle φ, für die Träger $(\varphi) \cap T_j = \emptyset$.

(iii) $\mathcal{P} \subset C^\infty(\mathbb{R}^n)$ ist m-dimensionaler Funktionenraum.

(iv) Zu beliebigen $\alpha_j \in \mathbb{R}$, $j = 1, \dots, m$, gibt es genau ein $p \in \mathcal{P}$ mit

$$F_j(p) = \alpha_j , \qquad j = 1, \dots, m .$$

E heißt *Element*, die F_j (manchmal auch ihre Träger) heißen *Knoten* des finiten Elements. Die zu $\alpha_j = \delta_{jk}$ nach der Unisolvenzbedingung (iv) eindeutig bestimmte Funktion $v_k \in \mathcal{P}$ heißt *Formfunktion* zum Knoten F_k $(k = 1, 2, \dots, m)$.

Die gängigen finiten Elemente (ZIENKIEWICZ [20], STRANG/FIX [16]) besitzen Knoten F vom LAGRANGE-HERMITE-Typ:

$$F(\varphi) = D^\alpha\varphi(\bar{x})$$

mit Träger $\bar{x} \in E$. Bei FRAEIJS DE VEUBEKE [5] und in dieser Arbeit treten jedoch auch Knoten F des Typs

$$F(\varphi) = \int_\Gamma (D^\alpha\varphi)(s)\, ds$$

mit einer $(n-1)$-dimensionalen Mannigfaltigkeit Γ als Träger auf.

Sei jetzt wieder $\mathcal{T} = \{E_i | \, i \in I\}$ eine Zerlegung von Ω und

$$\mathcal{F} := \{(E_i, \{F_{i,j}\}_{j=1,\dots,m_i}, \mathcal{P}_i\}_{i\in I}$$

eine Familie finiter Elemente. Wegen (ii) können nur benachbarte Elemente gleiche Knoten besitzen. Bezeichnet man die verschiedenen Knoten von $\mathcal{F}$ mit $F_1, \dots, F_M$, so kann jedem Knoten F_j durch stückweises Zusammensetzen der zugehörigen Formfunktionen eine *lokale Basisfunktion* w_j zugeordnet werden, die nur in den Elementen nicht verschwindet, die F_j zum Knoten haben und damit seinen Träger T_j enthalten.

Definition 4.2: Der von w_j, $j = 1, \dots, M$, aufgespannte lineare Raum V_h heißt *Finiter-Element-Raum* mit *Knoten* $F_1, \dots, F_M$.

Man sieht leicht ein:

$$V_h \subset X_{\mathcal{T}} \quad \text{und} \quad \dim V_h = M .$$

Definition 4.3: F_j heißt *Randknoten* von V_h zur Aufgabe (2.1), falls

$$F_j(\varphi) = 0 \quad \text{für alle} \quad \varphi \in V_\infty = V \cap C^\infty(\mathbb{R}^n),$$

andernfalls *innerer Knoten.*

$F_1, \dots, F_{M_1}$ seien innere Knoten und $F_{M_1+1}, \dots, F_M$ Randknoten von V_h zu (2.1); $\mathring{V}_h \subset V_h$ sei der von $w_1, \dots, w_{M_1}$ aufgespannte Raum. Dann gilt

Lemma 4.4: *Falls $a(.,.)$ positiv-definit auf $\mathring{V}_h$ ist, gibt es zu jeder „Näherung" $u_h^0 \in V_h$ von u^0 genau eine Lösung u_h der Finiten-Element-Gleichungen*

$$u_h \in \mathring{V}_h + u_h^0 : \; a(u_h, w_i) = 0 , \qquad i = 1, \dots, M_1 . \tag{4.1}$$

(4.1) heißt *konform* in bezug auf (2.1), falls $\mathring{V}_h + u_h^0 \subset V + u^0$. In diesem Fall gilt als Pendant zu (3.4)

$$J[\bar{u}] \leqq J[u_h] = a(u_h, u_h) \leqq J[v_h] \quad \text{für alle} \quad v_h \in \mathring{V}_h + u_h^0 . \tag{4.2}$$

Für nichtkonforme Methoden (STRANG [15], NITSCHE [12]) ist besonders der Fall $\mathring{V}_h \not\subset V$ charakteristisch. Ein Kriterium für „vernünftige" Methoden (4.1) ist nach IRONS/RAZZAQUE [7] der *Patch-Test.* Für die Beispiele 1 $(k = 1)$ und 2 $(k = 2)$ besagt er: Ist $u^0 \in \mathcal{P}_k$ ein Polynom vom Grade $\leqq k$, so liefert (4.1) die Lösung $u_h = \bar{u} = u_0$ von (2.1).

Wir werden zeigen, daß unter gewissen Verträglichkeitsbedingungen zwischen Aufgabentyp (2.1) und den finiten Elementen die *komplementäre Finite-Element-Methode* (3.3) mit einer *nichtkonformen Methode* (4.1), die einem verallgemeinerten Patch-Test genügt, zusammenfällt, wenn als Näherung u_h^0 für u^0

$$u_h^0 = \sum_{j=1}^{M_1} F_j(u^0)\, w_j \tag{4.3}$$

gesetzt wird.

5. Kopplung von Bilinearform und finitem Element

Wir gehen von (2.1), bzw. (2.2), und einer Zerlegung $\mathcal{T} = \{E_i | \, i \in I\}$ mit den Voraussetzungen der Abschnitte 2 und 3 aus. Zu jedem $E \in \mathcal{T}$ sei ein Raum $\mathcal{P}^E \subset C^\infty(\mathbb{R}^n)$ gegeben. Wir suchen finite Elemente $(E, \{F_j^E\}_{j=1,\dots,m_E}, \mathcal{P}^E)$, die über folgende Bedingung an $a(.,.)$ gekoppelt sind:

$$(K)\begin{cases} \textit{Es gilt mit gewissen linearen Funktionalen } K_j^E \text{ auf } \mathcal{P}^E \\ a_E(v,\varphi) = \sum_{j=1}^{m_E} K_j^E(v)\, F_j^E(\varphi) \quad \textit{für alle} \quad v \in \mathcal{P}^E,\ \varphi \in C^\infty(\mathbb{R}^n)\,. \\ \textit{Die } F_j^E \textit{ lassen sich stetig auf } H^k(E) \textit{ fortsetzen.} \text{ (Dann gilt (5.1) auch für } \varphi \in H^k(E).) \end{cases} \tag{5.1}$$

Beispiel 1:

a) Nach der GREENschen Formel gilt

$$a_E(v,\varphi) = -\int_E \Delta v\, \varphi\, dx + \int_{\partial E} \frac{\partial v}{\partial n}\varphi\, ds \quad \text{für} \quad v,\ \varphi \in C^\infty(\bar{E})\,. \tag{5.2}$$

Ist $\mathcal{P}^E = \mathcal{P}_1$, dem Raum der Polynome vom Grade $\leqq 1$, und E ein n-Simplex mit den Seiten S_j, $j = 1, \dots, n+1$, so ist $\partial v/\partial n$ konstant längs S_j für $v \in \mathcal{P}_1$, und (K) ist mit dem Mittelwert

$$F_j(\varphi) := |S_j|^{-1} \cdot \int_{S_j} \varphi(x)\, ds\,, \qquad j = 1, \dots, n+1\,, \tag{5.3}$$

erfüllt. Die Stetigkeit von F_j auf $H^1(E)$ folgt aus dem Spurtheorem (s. NEČAS [11]). Die finiten Elemente $(E, \{F_j^E\}_{j=1,\dots,n+1}, \mathcal{P}_1)$ sind im wesentlichen die von CROUZEIX/RAVIART [4] untersuchten finiten Elemente (Abb. 1). Ist Q_j nämlich der Schwerpunkt von S_j, so gilt

$$F_j(\varphi) = \varphi(Q_j) \quad \text{für} \quad \varphi \in \mathcal{P}_1\,, \quad j = 1, \dots, n+1\,. \tag{5.4}$$

Die Verwendung von (5.3) an Stelle von (5.4) geht später bei der Behandlung der Randbedingungen in Form von (4.3) ein.

b) Sei jetzt $\Omega \subset \mathbb{R}$ und $E \subset \bar{\Omega}$ ein achsenparalleles Rechteck mit Seiten S_j, $j = 1, \dots, 4$. Sei $\mathcal{P}^E$ der von den harmonischen Polynomen $1, x_1, x_2, x_1^2 - x_2^2$ aufgespannte Raum. Sei F_j wie in (5.3) definiert. Man rechnet leicht nach, daß $(E, \{F_j\}_{j=1,\dots,4}, \mathcal{P}^E)$ ein finites Element ist. Die Bedingung (K) folgt wieder mit (5.2).

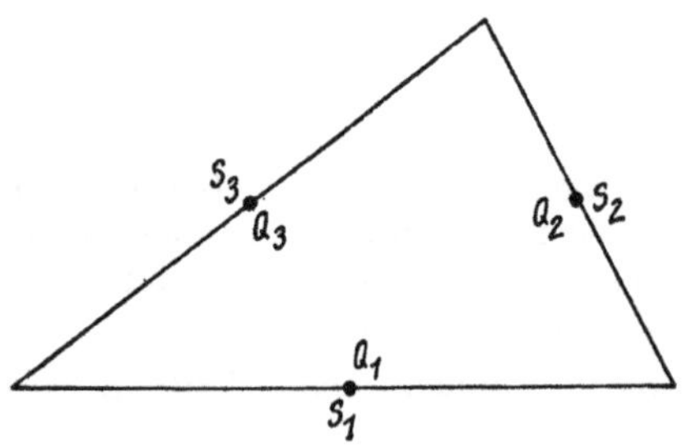

Abb. 1

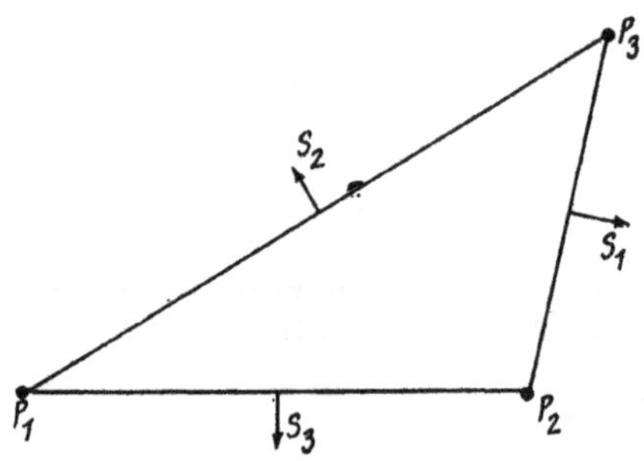

Abb. 2

Beispiel 2: Hier ergibt die GREENsche Formel (s. LANDAU/LIFSCHITZ [8])

$$a_E(v,\varphi) = \int_E \Delta^2 v\, \varphi\, dx\, dy + \int_{\partial E} \left(\Delta v - (1-\mu)\frac{\partial^2 v}{\partial s^2}\right)\frac{\partial \varphi}{\partial n}\, ds - \int_{\partial E} \frac{\partial}{\partial n}(\Delta v) \cdot \varphi\, ds + (1-\mu)\int_{\partial E} \frac{\partial^2 v}{\partial n\, \partial s}\frac{\partial \varphi}{\partial s}\, ds\,, \tag{5}$$

wobei $n(s)$ das äußere Normalen-(Tangential-)Feld auf ∂E ist. Ist $\mathcal{P}^E = \mathcal{P}_2$ der Raum aller Polynome vom Grade $\leqq 2$ und E ein Dreieck mit Seiten S_j und Ecken P_j, $j = 1, 2, 3$, so liefert (5.5) für $v \in \mathcal{P}_2$ die Kopplungsbedingung (K), falls man

$$F_j(\varphi) = \frac{1}{|S_j|}\int_{S_j} \frac{\partial \varphi}{\partial n_j}\, ds\,, \qquad F_{j+3}(\varphi) = \varphi(P_j)\,, \qquad j = 1, 2, 3,$$

setzt. Die Stetigkeit der F_j auf $H^2(E)$ folgt aus bekannten Einbettungssätzen.

Das finite Element $(E, \{F_j^E\}_{j=1,\dots,6}, \mathcal{P}_2)$ ist das MORLEY-Element [10] (Abb. 2), das von LASCAUX/LESAINT [9] und RUAS [14] untersucht wurde.

6. Nichtkonforme und komplementäre Finite-Element-Methoden

Zur Zerlegung $\mathcal{T}$ von Ω liege jetzt eine Familie finiter Elemente vor, die (K) erfüllen. Wie in Abschnitt 4 beschrieben, ist damit ein Finiter-Element-Raum V_h mit Knoten F_j, $j = 1, \dots, M$, etc. gegeben. Die F_j können über

$$F_j(w_k) = \delta_{jk}\,, \qquad j, k = 1, \dots, M\,,$$

auf natürliche Weise auch auf V_h definiert werden. Mit

$$v^E := \operatorname*{Res}_{\Omega/E} v \in C^\infty(\mathbb{R}^n)$$

und

$$\mathcal{T}_j := \{E \in \mathcal{T} \mid F_j \in \{F_k^E\}_{k=1,\dots,m_E}\}\,, \qquad j = 1, \dots, M\,,$$

gilt dann

$$F_j(v) = F_j(v^E) \quad \text{für} \quad v \in V_h \quad \text{und} \quad E \in \mathcal{T}_j\,. \tag{6.1}$$

Aus (3.1), (5.1) und (6.1) ergibt sich dann

Lemma 6.1: *Mit*

$$K_j(v) := \sum_{F_k^E = F_j} K_k^E(v^E)\,, \qquad j = 1, \dots, M\,, \qquad v \in V_h\,,$$

gilt

$$a(v, \varphi) = \sum_{j=1}^{M} K_j(v)\, F_j(\varphi) \quad \text{für} \quad v \in V_h\,, \; \varphi \in H^k(\Omega) \cup V_h\,. \tag{6.2}$$

Wir treffen noch zwei zusätzliche, aber unwesentlich einschränkende Annahmen:

(i) $V_\infty = V \cap C^\infty(\mathbb{R}^n)$ liegt dicht in V.

(ii) $F_1, \dots, F_{M_1}$ sind linear unabhängig auf V_∞.

Dann läßt sich der *komplementäre Finite-Element-Raum* $\hat{V}_h$ von (3.2) durch ein endliches Gleichungssystem charakterisieren:

Lemma 6.2 *Es gilt*

$$\hat{V}_h = \{v_h \in V_h \mid a(v_h, w_i) = 0 \quad \text{für} \quad i = 1, \dots, M_1\}\,.$$

Beweis: Die Dichtheitsannahme (i) zusammen mit der Stetigkeit von $a(.,.)$ auf $X_{\mathcal{T}}$ liefern

$$v_h \in \hat{V}_h \Leftrightarrow a(v, \varphi) = 0 \quad \text{für alle} \quad \varphi \in V_\infty\,.$$

Nach Definition der Randknoten, Lemma 6.1 und Annahme (ii) gilt

$$v_h \in \hat{V}_h \Leftrightarrow \sum_{j=1}^{M_1} K_j(v_h)\, F_j(\varphi) = 0 \quad \text{für alle} \quad \varphi \in V_\infty \tag{6.3}$$

$$\Leftrightarrow K_j(v_h) = 0\,, \qquad j = 1, \dots, M_1\,. \tag{6.4}$$

Hieraus folgt wegen

$$a(v_h, w_i) = \sum_{j=1}^{M} K_j(v_h)\, F_j(w_i) = K_i(v)\,, \qquad i = 1, \dots, M_1\,,$$

die Behauptung.

Damit ist also gezeigt, daß jede Lösung von (4.1) unabhängig von der Wahl von u_h^0 zulässig für das komplementäre Variationsprinzip ist.

Bemerkung: Bis hierhin hätte es gereicht, die Bedingung (5.1) in (K) nur für alle $\varphi \in V_\infty$ zu fordern. Das hätte für Beispiel 1a) und 2 die Zulassung von zum Rande von Ω *krummlinigen* Dreiecken zur Folge gehabt. Die (optimale) komplementäre Finite-Element-Lösung hätte jedoch so wie folgt nicht charakterisiert werden können.

Betrachten wir jetzt die komplementären Gleichungen (3.3):

Nach (6.2) und (6.4) gilt für $v_h \in \hat{V}_h$

$$a(u^0, v_h) = \sum_{j=M_1+1}^{M} K_j(v_h)\, F_j(u^0)$$

und für $u_h, v_h \in \hat{V}_h$

$$a(u_h, v_h) = \sum_{j=M_1+1}^{M} K_j(v_h) \cdot F_j(u_h)\,.$$

Also löst dasjenige $u_h \in \hat{V}_h$, für das

$$F_j(u_h) = F_j(u^0)\,, \qquad j = M_1 + 1, \dots, M\,,$$

gilt, die Gleichungen (3.3). Dieses u_h ist aber nichts anderes als die Lösung der (nichtkonformen) Finiten-Element-Gleichungen (4.1) mit u_h^0 wie in (4.3).

Das ergibt den angestrebten

Satz 3: *Vorgelegt sei die „lineare elliptische Randwertaufgabe"* (2.1), *bzw.* (2.2), *und zu einer Zerlegung von Ω ein Finiter-Element-Raum V_h, der über* (K) *mit* (2.1) *verknüpft sei. Die Bilinearform $a(.,.)$ sei definit auf $\mathring{V}_h$* (s. Lemma 4.4). *Dann ist bei beliebiger Wahl von u_h^0 die Lösung der Finiten-Element-Methode* (4.1) *zulässig für das komplementäre Variationsprinzip, d. h. in $\hat{V}_h$. Wählt man andererseits*

$$u_h^0 = \sum_{j=M_1+1}^{M} F_j(u^0)\, w_j\,, \tag{6.5}$$

so ist die Lösung von (4.1) *ebenfalls Lösung der komplementären Gleichung* (3.3).

Ferner ist V_h nichtkonform in bezug auf (2.1) *und genügt einem verallgemeinerten Patch-Test in folgendem Sinne: Falls $u^0 \in V_h$ und die Lösung $\bar{u}$ von* (2.1) *mit u^0 zusammenfällt, so liefert* (4.1) *mit Randwerten* (6.5) *die exakte Lösung $u_h = u^0$.*

Beweis: Zu zeigen bleibt die letzte Aussage: Falls $u^0 \in V_h$ und $\bar{u} = u^0$, liegt nach Definition (3.2) von $\hat{V}_h$ u^0 ebenfalls in $\hat{V}_h$. Lemma 6.2 ergibt dann

$$a(u^0, w_i) = 0\,, \qquad i = 1, \dots, M_1\,.$$

Aus (6.5) und

$$u^0 := \sum_{j=1}^{M} F_j(u^0)\, w_j$$

folgt $u^0 \in \mathring{V}_h + u_h^0$ und somit $u_h = u^0$ in (4.1).

Bemerkungen:

1. Dieser Satz ist anwendbar für die Beispiele 1, 2 mit den in Abschnitt 5 angegebenen nichtkonformen finiten Elementen, wobei der Fall natürlicher Randbedingungen auf einem Teil des Randes miterfaßt ist. Die Definitheit von $a(.,.)$ auf $\mathring{V}_h$ ist bei *regulären* Zerlegungen erfüllt. Man kann auch die Elemente aus den Beispielen 1a und 1b miteinander verknüpfen.

2. Für die entscheidende Charakterisierung des komplementären Finiten-Element-Raums in Lemma 6.2 ist die Kopplungsbedingung (K) offensichtlich hinreichend — sogar mit der Einschränkung, daß (5.1) nur für $\varphi \in V_\infty$ gilt. Ob sie auch notwendig ist, bleibt offen.

3. Die Dimension von $\hat{V}_h$ ist gleich der Anzahl $M - M_1$ der Randknoten von V_h — eine bei der Dualität Randbedingungen — Differentialgleichung der zu einander komplementären Variationsprinzipien (2.1) und (2.2) keineswegs überraschende Aussage.

Literatur

1 AUBIN, J. P.; BURCHARD, H. G., Some aspects of the method of the hypercircle applied to elliptic variational problems, SYNSPADE 1970 (B. HUBBARD, ed.), 1—67, Academic Press, New York 1971.

2 BREZZI, F.; RAVIART, P. A., Mixed finite element methods for 4th order elliptic equations, 1976; erscheint demnächst.

3 COOK, R. D., Concepts and Applications of Finite Element Analysis; John Wiley, New York-London-Sydney-Toronto 1974.

4 CROUZEIX, M.; RAVIART, P. A., Conforming and nonconforming finite element methods for solving the stationary STOKES equations. I, R.A.I.R.O., 33—76 (1973).

5 FRAEIJS DE VEUBEKE, B., Variational principles and the patch test, Int. J. Numer. Meth. in Eng. 8, 783—801 (1974).

6 HERSCH, J.; PFLUGER, A.; SCHOPF, A., Über ein simultanes Differenzenverfahren zur Abschätzung der Torsionssteifigkeit und der Kapazität nach beiden Seiten, Z. angew. Math. Phys. 7, 89—113 (1956).

7 IRONS, B. M.; RAZZAQUE, A., Experience with the patch test for convergence of finite elements, in "The Mathematical Foundations of the Finite Element Method with Applications to Partial Differential Equations" (A. K. AZIZ, Ed.), 557—587, Academic Press, New York 1972.

8 LANDAU, L.; LIFSCHITZ, E., Theory of Elasticity, Pergamon Press 1970.

9 LASCAUX, P.; LESAINT, P., Some nonconforming finite elements for the plate bending problem; erscheint demnächst.

10 MORLEY, L. S. D., The triangular equilibrium element in the solution of plate bending problems, Aero-Quart. 19, 149—169 (1968).

11 NEČAS, J., Les méthodes diréctes en théorie des équations elliptiques, Masson, Paris 1967.

12 NITSCHE, J. A., Convergence of nonconforming methods, in "Mathematical Aspects of Finite Elements in Partial Differential Equations" (C. DE BOOR, ed.) 15—53, Academic Press 1974.

13 PRAGER, W.; SYNGE, J. L., Approximations in elasticity based on the concept of function space, Quart. Appl. Math. 5, 241—269 (1947).

14 RUAS, V., Sur l'application de quelques éléments finis non conformes a la résolution des problèmes de la flexion et des vibrations des plaques mincés, These, l'Université Pierre et Marie Curie (Paris VI) 1976.

15 STRANG, G., Variational Crimes in the finite element method, in "The Mathematical Foundations of the Finite Element Method with Applications to Partial Differential Equations" (A. K. AZIZ, Editor), 689—710, Academic Press, New York 1972.

16 STRANG, G.; FIX, G., An analysis of the Finite Element Method, Prentice Hall, Englewood Cliffs 1973.

17 SYNGE, J. L., The Hypercircle in Mathematical Physics, Cambridge University Press 1967.

18 TREFFTZ, E., Ein Gegenstück zum Ritzschen Verfahren. Verhandl. 2. Internat. Kongreß f. Techn. Mechanik, Zürich, 131—138, 1926, Orell Füssli Verlag Zürich 1927.

19 VELTE, W., Direkte Methode der Variationsrechnung, Teubner-Verlag 1976, Teubner-Studienbücher Mathematik (LAMM-Reihe).

20 ZIENKIEWICZ, O. C., The Finite Element Method in Engineering Science, Mac Graw-Hill, London 1971.

Eingereicht am 19. 10. 1976

Anschrift: Dr. BODO WERNER, Universität Hamburg, Institut für Angewandte Mathematik, Bundesstraße 55, D-2000 Hamburg 13

ZAMM 57, 507 – 513 (1977)

J. WELLMANN

Eine verallgemeinerte Achsenausstrahlungslösung der Wellengleichung und die daraus resultierenden Überschallfelder

Aus der Grundlösung der Wellengleichung und den homogenen Potentialen nullter Ordnung wird eine verallgemeinerte Ausstrahlungslösung, die auf der x-Achse singulär ist und stromauf des Machkegels verschwindet, entwickelt. Diese Lösung enthält die Multipole und die analytische Darstellung kegelsymmetrischer Felder als Sonderfall. Sie ist deshalb geeignet, im Rahmen der linearen Überschalltheorie Strömungsfelder um relativ schlanke Körper mit nicht-kreisförmigem Querschnitt und deren Nachlauffelder zu erzeugen.

A generalized solution of the wave equation, which is singular on the x-axis and vanishes upstream the Mach-cone, can be developed from the basic solution and the zero-order-homogenous potentials. This solution includes the multipoles and the analytic representation of conical fields as special cases and therefore it is suitable to produce flow patterns and wakes in the framework of linear supersonic theory for slender bodies with non-circular cross-section.

Из основного решения волнового уравнения и из однородных потенциалов нулевого порядка выводится обобщённое решение излучения, являющееся сингулярным на оси x и обращающееся в нуль в направлении, противоположном движению конуса Маха. Это решение содержит в качестве частного случая мультиполи и аналитическое представление конусосиметрических полей. По этой причине, в рамках линейной сверхзвуковой теории, это решение является подходящим для описания образования гидродинамических полей вокруг довольно тонких тел с некруговым поперечным сечением, а также полей, развивающихся за телами обтекания.

1. Einleitung

Die Berechnung der Störgeschwindigkeiten auf der Kontur eines spitzen Körpers, der mit Überschallgeschwindigkeit angeströmt wird, führt für schwache Störungen der Grundströmung im Rahmen der linearen Überschalltheorie auf ein GOURSATsches Anfangs-Randwertproblem der Wellengleichung. Mit Hilfe des VOLTERRAschen Integralsatzes, siehe SEARS [8], kann dieses Problem auf eine singuläre Integralgleichung transformiert werden, die numerisch schwer zu handhaben ist, weil von den divergenten Integralen der HADAMARDsche endliche Integralteil zu berechnen ist, siehe SAUER [11]. Es wird deshalb versucht, das Strömungsfeld durch Superposition von explizit bekannten Elementarlösungen zu approximieren. Für den nicht angestellten Rotationskörper wurde zuerst von KÁRMÁN-MOORE [1] durch linienhafte Überlagerung von „Überschallquellen" (Grundlösung der Wellengleichung) ein derartiges Verfahren entwickelt. Der angestellte Rotationskörper konnte mit einer zusätzlichen Dipolverteilung von TSIEN [2] berechnet werden. Die Verallgemeinerung dieser Verfahren auf Körper mit beliebigem Querschnitt gelang durch die Entwicklung der „Multipole", WARD [9], die im Falle der Kegelsymmetrie, BUSEMANN [3], auf differentielle Verträglichkeitsbedingungen reduziert werden konnten. Eine analoge Darstellung erzielten daraufhin GERMAIN [5] und HAYES [6] für kegelsymmetrische Felder höherer Ordnung. Mit Hilfe der Laplacetransformation führte NIELSEN [7] die Multipole auf modifizierte Besselfunktionen zurück, während MÜNCH [10] diese Lösungen auf Kugelfunktionen zweiter Art reduzierte. Mit dem Problem des Wellenwiderstandes derartiger Körper befaßten sich KÁRMÁN [1], LIGHTHILL [4], WARD [9].

2. Bezeichnungen

x, y, z	kartesische Koordinaten	$C(\boldsymbol{x}) = -x^2 + y^2 + z^2$	MACHkegel im Ursprung
x, r, ω	Zylinderkoordinaten	$P_n^m(x)$, $Q_n^m(x)$	Kugelfunktionen
$\sigma, \vartheta, \omega$	Hyperboloidkoordinaten	$\varphi_n^m(\boldsymbol{x})$	Multipole
$\boldsymbol{i}, \boldsymbol{j}, \boldsymbol{k}$	kartesische Basisvektoren	Φ	Gesamtpotential
$\Diamond = -\frac{\partial}{\partial x}\boldsymbol{i} + \frac{\partial}{\partial y}\boldsymbol{j} + \frac{\partial}{\partial z}\boldsymbol{k}$	Ko-Gradient	φ	Störpotential
		ψ	Stromfunktion
$\Box = -\frac{\partial^2}{\partial x^2} + \frac{\partial^2}{\partial y^2} + \frac{\partial^2}{\partial z^2}$	D'ALEMBERT-Operator		

3. Die widerspruchsfreie lineare Überschalltheorie

Das widerspruchsfrei linearisierte Anfangs-Randwertproblem [14] der Überschallströmung ($1 < \mathrm{Ma} < 3$) eines kompressiblen, isentropen, idealen Gases mit konstanten spezifischen Wärmen um einen relativ schlanken Körper mit geringem Anstellwinkel ($\alpha < 10°$) lautet nach erfolgter PRANDTL-GLAUERT-Transformation:

$$
\begin{aligned}
&\text{a)}\ \Phi(\boldsymbol{x}) = -x + \varphi(\boldsymbol{x}) &&: \text{Potential,}\\
&\text{b)}\ \Box\,\Phi = \Box\,\varphi = 0 &&: \text{Wellengleichung,}\\
&\text{c)}\ \Diamond\,\Phi \cdot \nabla K = 0 &&: \text{Randbedingung auf } K(\boldsymbol{x}) = 0\,,\\
&\text{d)}\ \varphi(C) = 0 &&: \text{Anfangsbedingung auf } C(\boldsymbol{x}) = 0\,,\\
&\text{e)}\ c_p = -1 - \Diamond\,\Phi \cdot \nabla\Phi &&: \text{Druckbeiwert}\,.
\end{aligned}
\qquad (3.1)
$$

Dabei werden zur Abkürzung die beiden Operatoren

$$\diamond = -\frac{\partial}{\partial x} \boldsymbol{i} + \frac{\partial}{\partial y} \boldsymbol{j} + \frac{\partial}{\partial z} \boldsymbol{k} : \text{Ko-Gradient},$$

$$\square = -\frac{\partial^2}{\partial x^2} + \frac{\partial^2}{\partial y^2} + \frac{\partial^2}{\partial z^2} : \text{D'ALEMBERT-Operator} \tag{3.2}$$

benutzt. Zwei Vektoren $\diamond \varphi_1$ und $\nabla \varphi_2$, die die Bedingung

$$\diamond \varphi_1 \cdot \nabla \varphi_2 = 0 \tag{3.3}$$

erfüllen, werden als ko-orthogonal bezeichnet. Dieser Orthogonalitätsbegriff besitzt bei Anfangs- und Randwertproblemen der Wellengleichung eine ähnlich zentrale Bedeutung wie der gewöhnliche Orthogonalitätsbegriff bei der LAPLACEgleichung.

Eine Hyperfläche des R^3 wird charakteristische Fläche $C(\boldsymbol{x}) = 0$ genannt, wenn sie zu sich selbst ko-orthogonal ist:

$$\diamond C \cdot \nabla C = -\left(\frac{\partial C}{\partial x}\right)^2 + \left(\frac{\partial C}{\partial y}\right)^2 + \left(\frac{\partial C}{\partial z}\right)^2 = 0 . \tag{3.4}$$

Die Anfangsbedingung (3.1. d) fordert das Verschwinden des Störpotentials auf und stromaufwärts der charakteristischen Fläche C der Körpervorderkante. Besitzt der Körper eine kegelförmige Spitze, so degeneriert die charakteristische Fläche zum MACHkegel im Ursprung:

$$C(\boldsymbol{x}) = x^2 - y^2 - z^2 = 0 . \tag{3.5}$$

Das Anfangs-Randwertproblem 3.1 der linearen Überschalltheorie kann auf eine singuläre Integralgleichung reduziert werden, die numerisch schwer zu handhaben ist. Deshalb ist es häufig vorteilhafter, das Strömungsfeld (sofern möglich) durch eine Anzahl bekannter Elementarlösungen zu approximieren. Im folgenden soll eine allgemeine Ausstrahlungslösung der x-Achse entwickelt werden, die Körper mit nicht kreisförmigem Querschnitt erzeugen kann.

4. Die Grundlösung und die homogenen Potentiale

Die Grundlösung $\sigma(\boldsymbol{x})$ der Wellengleichung wird definiert durch

$$\square \sigma(\boldsymbol{x}) = 2\pi \delta(\boldsymbol{x}) \Rightarrow \sigma(\boldsymbol{x}) = \frac{1}{\underset{+}{\sqrt{x^2 - y^2 - z^2}}} . \tag{4.1}$$

Dabei soll das +-Zeichen unter der Wurzel symbolisieren, daß $\sigma(x)$ nur innerhalb des MACHkegels von Null verschieden ist, also genau dann, wenn der Wurzelausdruck reell ist. Gesucht werden alle Lösungen $\varphi_0(\boldsymbol{x})$ der Wellengleichung, die zu σ ko-orthogonal sind:

$$\diamond \sigma \cdot \nabla \varphi_0 = \sigma^3 (\boldsymbol{x} \cdot \nabla \varphi_0) = 0 . \tag{4.2}$$

Die Bedingung $\boldsymbol{x} \cdot \nabla \varphi_0 = 0$ ist aber gerade die EULERsche Differentialgleichung homogener Funktionen nullter Ordnung. Führt man nach GERMAIN [5] die dimensionslosen Koordinaten ζ und η durch

$$\zeta + i\eta = \frac{z + iy}{x + \sqrt{x^2 - y^2 - z^2}} \tag{4.3}$$

ein, so genügt $\varphi_0(\boldsymbol{x}) = \varphi_0(\eta, \zeta)$ bereits 4.2. Andererseits geht die Wellengleichung über in die LAPLACEgleichung der Variablen η und ζ:

$$\square \varphi_0 = \frac{\eta^2 + \zeta^2}{y^2 + z^2} \left(\frac{\partial^2 \varphi_0}{\partial \eta^2} + \frac{\partial^2 \varphi_0}{\partial \zeta^2}\right) = 0 \Rightarrow \varphi_0 = \varphi_0(\zeta + i\eta) . \tag{4.4}$$

Ist φ_0 eine ganze Funktion, so ist auch $\varphi_0(\boldsymbol{x})$ innerhalb des MACHkegels für $x < \infty$ beschränkt. Im Punkte $\boldsymbol{x} = 0$ ist φ_0 nicht eindeutig, was man an 4.3 erkennt. Die Grundlösung selbst ist homogen von der Ordnung (-1), jedoch nicht das einzige Potential mit dieser Eigenschaft, denn

$$\varphi_{-1} = \sigma(\boldsymbol{x}) \, \varphi_0(\zeta + i\eta) \tag{4.5}$$

hat zunächst die gleiche Homogenitätsordnung und genügt wegen 4.2 ebenfalls der Wellengleichung

$$\square \varphi_{-1} = \varphi_0 \, \square \sigma + 2 \diamond \varphi_0 \cdot \nabla \sigma + \sigma \, \square \varphi_0 \equiv 0; \qquad x^2 - y^2 - z^2 > 0 . \tag{4.6}$$

Physikalisch kann φ_{-1} als das Potential einer Überschallquelle mit einer von der jeweiligen Raumrichtung abhängigen Quellstärke interpretiert werden. Genau wie $\square \sigma$ ist auch $\square \varphi_{-1}$ eine Distribution mit dem Nullpunkt als Träger.

5. Hyperboloidkoordinaten

Etwas geeigneter für die später zu entwickelnde Achsenausstrahlungslösung sind die Hyperboloidkoordinaten ω, ϑ, σ, die durch

$$e^{i(\omega + i\vartheta)} = \zeta + i\eta \tag{5.1}$$

definiert werden. Die Funktionen

$$\omega = \arctan \frac{y}{z}\,; \qquad \vartheta = \operatorname{arcosh} \frac{x}{\sqrt{y^2+z^2}}\,; \qquad \sigma = \frac{1}{\sqrt{x^2-y^2-z^2}} \tag{5.2}$$

sind nach 4.4 wieder Lösungen der Wellengleichung

$$\Box\omega = 0\,, \qquad \Box\vartheta = 0\,, \qquad \Box\sigma = 0\,, \qquad x^2 > y^2 + z^2 > 0\,, \tag{5.3}$$

die ko-orthogonal zueinander stehen:

$$\Diamond\omega \cdot \nabla\vartheta = 0\,, \qquad \Diamond\vartheta \cdot \nabla\sigma = 0\,, \qquad \Diamond\sigma \cdot \nabla\omega = 0\,. \tag{5.4}$$

Aus (5.2) berechnet man die Umkehrtransformation

$$x = \frac{\cosh\vartheta}{\sigma \sinh\vartheta}, \qquad y = \frac{\sin\omega}{\sigma \sinh\vartheta}, \qquad z = \frac{\cos\omega}{\sigma\sinh\vartheta}, \tag{5.5}$$

die schließlich auf die Wellengleichung in Hyperboloidkoordinaten führt:

$$\Box\varphi = \sigma^2 \sinh^2\vartheta \left[\frac{\partial^2\varphi}{\partial\omega^2} + \frac{\partial^2\varphi}{\partial\vartheta^2} - \frac{\sigma^2}{\sinh^2\vartheta}\frac{\partial^2\varphi}{\partial\sigma^2}\right] = 0\,. \tag{5.6}$$

Die Hyperboloidkoordinaten spielen für die Wellengleichung genau die gleiche Rolle wie die Kugelkoordinaten für die LAPLACEgleichung. In der Literatur werden meist Zylinderkoordinaten $\omega, x, r = \sqrt{y^2+z^2}$ benutzt, die zwar anschaulicher, mathematisch jedoch nicht so zweckmäßig sind. Zwischen beiden Koordinatensystemen besteht die Beziehung

$$r\sigma \sinh\vartheta = 1\,. \tag{5.7}$$

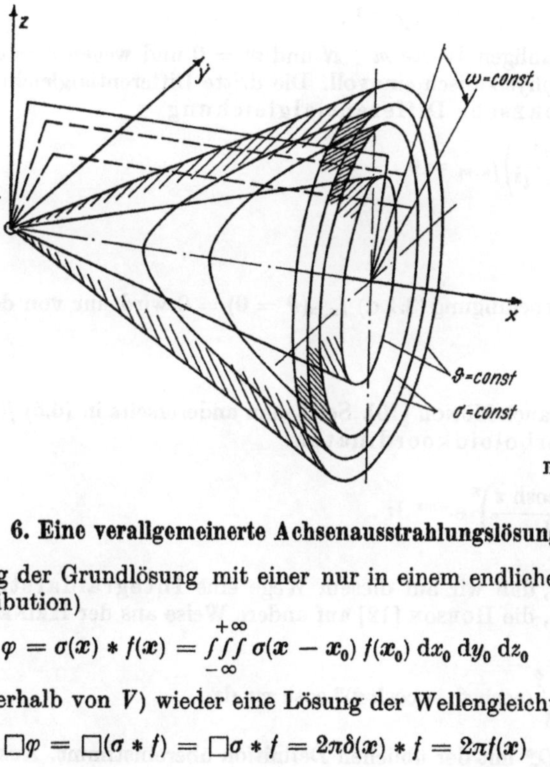

Bild 1. Parameterflächen der Hyperboloidkoordinaten

6. Eine verallgemeinerte Achsenausstrahlungslösung

Die Faltung der Grundlösung mit einer nur in einem endlichen Raumgebiet V von Null verschiedenen Funktion (oder Distribution)

$$\varphi = \sigma(\boldsymbol{x}) * f(\boldsymbol{x}) = \iiint_{-\infty}^{+\infty} \sigma(\boldsymbol{x} - \boldsymbol{x}_0)\, f(\boldsymbol{x}_0)\, \mathrm{d}x_0\, \mathrm{d}y_0\, \mathrm{d}z_0 \tag{6.1}$$

ergibt (außerhalb von V) wieder eine Lösung der Wellengleichung, was man an

$$\Box\varphi = \Box(\sigma * f) = \Box\sigma * f = 2\pi\delta(\boldsymbol{x}) * f = 2\pi f(\boldsymbol{x}) \tag{6.2}$$

erkennt. Für $f(\boldsymbol{x}) = f(x)\,\delta(y)\,\delta(z)$ erhält man daraus das Potential einer linienförmigen Quellverteilung ($f(x<0)\equiv 0$):

$$\varphi = \int_0^{x-\sqrt{y^2+z^2}} \frac{f(x_0)\,\mathrm{d}x_0}{\sqrt{(x-x_0)^2 - y^2 - z^2}}\,. \tag{6.3}$$

Dies ist jedoch nicht das allgemeinste Potential, das auf der x-Achse singulär wird und außerhalb des MACHkegels verschwindet. Die Faltung $\varphi = \varphi_{-1} * f$ führt zu der allgemeineren Achsenausstrahlungslösung

$$\varphi = f(x)\,\delta(y)\,\delta(z) * \frac{\varphi_0(\zeta + i\eta)}{\sqrt{x^2-y^2-z^2}} = \int_0^{x-\sqrt{y^2+z^2}} \frac{f(x_0)\,\varphi_0\left(\dfrac{z+iy}{(x-x_0)+\sqrt{(x-x_0)^2-y^2-z^2}}\right)\mathrm{d}x_0}{\sqrt{(x-x_0)^2-y^2-z^2}}\,. \tag{6.4}$$

Für $f(x) = x^n$; $\varphi_0(\zeta, \eta) = (\zeta + i\eta)^m$ sind dies die bekannten Multipole; siehe Ward [9]. Durch die neue Integrationsvariable $x = x_0 - \sqrt{y^2 + z^2} \cosh \tau$ und die Einführung von Hyperboloidkoordinaten geht diese Lösung über in

$$\varphi = \int_{-\vartheta}^{+\vartheta} f\left(\frac{\cosh \vartheta - \cosh \tau}{\sigma \sinh \vartheta}\right) \varphi_0(e^{i\omega - \tau})\, d\tau\,, \tag{6.5}$$

die in dieser Schreibweise bereits reell ist, sofern nur φ_0 auf der reellen Achse ebenfalls reellwertig ist.

7. Multipole

Die Lösungen der Wellengleichung in Hyperboloidkoordinaten (5.6), die sich in der Form eines Produktansatzes darstellen lassen,

$$\varphi(\vartheta, \omega, \sigma) = f(\vartheta)\, g(\omega)\, h(\sigma)\,, \tag{7.1}$$

genügen den drei separierten Differentialgleichungen

$$\begin{aligned} &\text{a)} \quad \left(\frac{d^2}{d\omega^2} + m^2\right) g_m(\omega) = 0\,, \\ &\text{b)} \quad \left(\sigma^2 \frac{d^2}{d\sigma^2} - n(n+1)\right) h_n(\sigma) = 0\,, \\ &\text{c)} \quad \left(\frac{d^2}{d\vartheta^2} - m^2 - \frac{n(n+1)}{\sinh^2 \vartheta}\right) f_{n,m}(\vartheta) = 0\,, \end{aligned} \tag{7.2}$$

wenn n und m die Separationskonstanten bedeuten. Die Differentialgleichungen a) und b) lassen sich sofort lösen:

$$g_m(\omega) = c_1 \cos m\omega + c_2 \sin m\omega\,; \qquad h_n(\sigma) = c_1 \sigma^{-n} + c_2 \sigma^{n+1}\,. \tag{7.3}$$

Wegen $\varphi(\omega) = \varphi(\omega + 2\pi)$ sind für m nur die ganzzahligen Werte $m \in N$ und $m = 0$ und wegen $\sigma = \infty$ auf dem Machkegel sind nur die negativen Potenzen σ^{-n} physikalisch sinnvoll. Die dritte Differentialgleichung (7.2. c) geht mit $t = \coth \vartheta$ schließlich über in die Legendresche Differentialgleichung

$$(1 - t^2)\, f''_{n,m} - 2t f'_{n,m} + \left(n(n+1) - \frac{m^2}{1 - t^2}\right) f_{n,m} = 0\,, \tag{7.4}$$

so daß die Kugelfunktionen

$$f_{n,m}(\vartheta) = c_1 P_n^m(\coth \vartheta) + c_2 Q_n^m(\coth \vartheta) \tag{7.5}$$

das Fundamentalsystem repräsentieren. Die Anfangsbedingung (3.1.d) $f_{n,m}(\vartheta = 0) = 0$ wird nur von den Kugelfunktionen zweiter Art erfüllt, so daß

$$\varphi_{n,m}(\sigma, \omega, \vartheta) = \sigma^{-n}\, e^{im\omega}\, Q_n^m(\coth \vartheta) \tag{7.6}$$

die gewünschte Separationslösung ergibt; siehe auch Münch [10]. Setzt man andererseits in (6.5) $f(t) = t^n$ und $\varphi_0(t) = t^m$, so erhält man die Multipole in Hyperboloidkoordinaten:

$$\varphi_{n,m}(\sigma, \omega, \vartheta) = \sigma^{-n}\, e^{im\omega} \int_{-\vartheta}^{+\vartheta} \left(\frac{\cosh \vartheta - \cosh \tau}{\sinh \vartheta}\right)^n e^{-m\tau}\, d\tau\,. \tag{7.7}$$

Der Vergleich mit der Separationslösung (7.6) zeigt, daß wir auf diesem Wege eine Integraldarstellung der Kugelfunktionen zweiter Art entwickelt haben, die Hobson [12] auf andere Weise aus der Heineschen Integraldarstellung gewann:

$$Q_n^m(\coth \vartheta) = (-1)^m \frac{(n+m)!}{n!} \sinh^{-n} \vartheta \int_0^{\vartheta} (\cosh \vartheta - \cosh \tau)^n \cosh m\tau\, d\tau\,. \tag{7.8}$$

Die Normierungskonstante wurde so gewählt, daß Q_n^m mit der üblichen Definition übereinstimmt. Aus (7.8) kann man durch elementare Quadraturen eine bequeme Summendarstellung gewinnen:

$$Q_n^m = (-1)^m \frac{(n+m)!}{n!} \coth^n \vartheta \sum_{\nu=0}^{n} \sum_{\mu=0}^{\nu} \binom{n}{\nu} \binom{\nu}{\mu} (-2 \cosh \vartheta)^{-\nu} \left\{\frac{\sinh (\nu - 2\mu - m)\, \vartheta}{(\nu - 2\mu - m)}\right\}. \tag{7.9}$$

Dabei soll die geschweifte Klammer

$$\left\{\frac{\sinh n\vartheta}{n}\right\} = \lim_{\nu \to n} \frac{\sinh \nu\vartheta}{\nu} \tag{7.10}$$

bedeuten. An (7.9) erkennt man wegen

$$\vartheta = \operatorname{arcosh} \frac{x}{r} = \ln\left(\frac{x}{r} + \sqrt{\frac{x^2}{r^2} - 1}\right), \tag{7.11}$$

daß die Q_n^m für $n \geqq m$ logarithmenbehaftet sind. Aus (7.8) erhält man noch die später wichtige Relation

$$\frac{d}{d\vartheta} Q_n^m = (n + m)\, Q_{n-1}^m - n \coth \vartheta\, Q_n^m, \tag{7.12}$$

die zusammen mit der Differentialgleichung (7.2.c) die folgende Rekursionsformel ergibt:

$$(n + m - 1)\, Q_{n-2}^m - (2n - 1) \coth \vartheta Q_{n-1}^m + (n - m)\, Q_n^m = 0. \tag{7.13}$$

8. Das Feld der Ausstrahlungslösung

Es wird die Ausstrahlungslösung (6.5) jetzt als Störpotential einer Überschallströmung aufgefaßt, deren (dimensionsloser) Stromdichtevektor $\boldsymbol{w} = \boldsymbol{i} + \Diamond\varphi$ lautet. Aus physikalischen Gründen sollen dabei nur Störvektoren $\Diamond\varphi$ betrachtet werden, die auf dem MACHkegel des Ursprungs endlich bleiben. Eine notwendige Bedingung hierfür ist die Stetigkeit $f(x = 0) = 0$ im Nullpunkt. Dies liefert dann nach Differentiation und partieller Integration das Störfeld

$$\Diamond\varphi = -\int_{-\vartheta}^{+\vartheta} f'\left(\frac{\cosh \vartheta - \cosh \tau}{\sigma \sinh \vartheta}\right) \varphi_0(e^{i\omega - \tau})\, [\boldsymbol{i} + \sin(\omega + i\tau)\, \boldsymbol{j} + \cos(\omega + i\tau)\, \boldsymbol{k}]\, d\tau. \tag{8.1}$$

Zur Darstellung des Feldes eines Multipols sind die kartesischen Basisvektoren $\boldsymbol{i}, \boldsymbol{j}, \boldsymbol{k}$ nicht sonderlich geeignet. Das ko-orthogonale Basissystem $\Diamond\omega$, $\Diamond\vartheta$, $\Diamond\sigma$ bzw. $\nabla\omega$, $\nabla\vartheta$, $\nabla\sigma$ erweist sich als zweckmäßiger. Unter Beachtung von (7.12) und (7.6) erhält man

$$\Diamond\varphi_{n,m} = \varphi_{n,m}\left[im \Diamond \omega + \left((n + m)\frac{Q_{n-1}^m}{Q_n^m} - n \coth \vartheta\right) \Diamond\vartheta - \sigma^{-1} \Diamond\sigma\right] \tag{8.2}$$

mit den Basisvektoren

$$\begin{aligned} \Diamond\omega &= \sigma \sinh \vartheta\, (\cos \omega \boldsymbol{j} - \sin \omega \boldsymbol{k}), \\ \Diamond\vartheta &= -\sigma\, (\boldsymbol{i} + \cosh \vartheta \sin \omega \boldsymbol{j} + \cosh \vartheta \cos \omega \boldsymbol{k}), \\ \Diamond\sigma &= \sigma^2 \sinh^{-1} \vartheta\, (\cosh \vartheta \boldsymbol{i} + \sin \omega \boldsymbol{j} + \cos \omega \boldsymbol{k}). \end{aligned} \tag{8.3}$$

Daraus ist der Druckbeiwert des Feldes einer Multipolüberlagerung $\Phi = -x + \sum_{n,m} c_{n,m}\, \varphi_{n,m}$ sofort zu bestimmen:

$$c_p = -1 - \Diamond\Phi \cdot \nabla\Phi = -1 - \sigma^2 \sinh^2 \vartheta \left(\frac{\partial\Phi^2}{\partial\omega} + \frac{\partial\Phi^2}{\partial\vartheta} - \frac{\sigma^2}{\sinh^2 \vartheta} \frac{\partial\Phi^2}{\partial\sigma}\right). \tag{8.4}$$

9. Die Stromfunktion rotationssymmetrischer Felder

Im rotationssymmetrischen Fall ist das Potential unabhängig von der Koordinate ω. Damit lautet die Wellengleichung 5.6

$$\sinh^2 \vartheta \frac{\partial^2\varphi}{\partial\vartheta^2} - \sigma^2 \frac{\partial^2\varphi}{\partial\sigma^2} = 0. \tag{9.1}$$

Es wird nun durch

$$\frac{\partial\varphi}{\partial\vartheta} = \sigma^2 \frac{\partial\psi}{\partial\sigma}; \qquad \frac{\partial\varphi}{\partial\sigma} = \sinh^2 \vartheta \frac{\partial\psi}{\partial\vartheta} \tag{9.2}$$

eine **Stromfunktion** $\psi(\vartheta, \sigma)$ eingeführt. Zunächst muß gezeigt werden, daß eine derartige Funktion überhaupt existiert. Die Verträglichkeitsbedingung

$$\frac{\partial^2\psi}{\partial\vartheta\, \partial\sigma} - \frac{\partial^2\psi}{\partial\sigma\, \partial\vartheta} = \sigma^{-2} \sinh^{-2} \vartheta \left(\sinh^2 \vartheta \frac{\partial^2\varphi}{\partial\vartheta^2} - \sigma^2 \frac{\partial^2\varphi}{\partial\sigma^2}\right) \equiv 0 \tag{9.3}$$

ist hinreichend hierfür und wegen (9.1) identisch erfüllt. Weiterhin muß noch die Eigenschaft einer Stromfunktion auf einer Stromlinie konstant zu sein nachgewiesen werden. Aus der Ko-Orthogonalität und (9.2),

$$\Diamond\varphi \cdot \nabla\psi = \sigma^2 \left(\sinh^2 \vartheta \frac{\partial\varphi}{\partial\vartheta} \frac{\partial\psi}{\partial\vartheta} - \sigma^2 \frac{\partial\varphi}{\partial\sigma} \frac{\partial\psi}{\partial\sigma}\right) \equiv 0, \tag{9.4}$$

schließt man aber, daß $\nabla\psi$ zu $\Diamond\varphi$ orthogonal ist. Da aber $\nabla\psi$ auf den Linien $\psi = \text{const.}$ senkrecht steht, ist alles gezeigt. Die Stromlinien des Potentials

$$\Phi = -\sigma^{-1} \coth \vartheta + \int_0^\vartheta f\left(\frac{\cosh \vartheta - \cosh \tau}{\sigma \sinh \vartheta}\right) d\tau \tag{9.5}$$

sind deshalb die Linien

$$\Psi = -\frac{1}{2} \sigma^{-2} \sinh^{-2} \vartheta - \sigma^{-1} \sinh^{-1} \vartheta \int_0^\vartheta f\left(\frac{\cosh \vartheta - \cosh \tau}{\sigma \sinh \vartheta}\right) \cosh \tau\, d\tau \tag{9.6}$$

und der Multipolentwicklung

$$\Phi = -\sigma^{-1}\coth\vartheta + \sum_{n=1}^{\infty} c_n\sigma^{-n}Q_n^0(\coth\vartheta) \tag{9.7}$$

entspricht die Stromfunktion

$$\Psi = -\frac{1}{2}\sigma^{-2}\sinh^{-2}\vartheta + \sum_{n=1}^{\infty} c_n\frac{n}{n+1}\sigma^{-n-1}(\coth\vartheta Q_n^0 - Q_{n-1}^0)\,. \tag{9.8}$$

10. Homogene Potentiale höherer Ordnung

In Abschnitt 4 war das homogene Potential nullter Ordnung bereits berechnet worden. Die homogenen Potentiale n-ter Ordnung φ_n genügen der EULERschen Differentialgleichung

$$x\cdot\nabla\varphi_n = n\varphi_n\,, \tag{10.1}$$

die in Hyperboloidkoordinaten einfach lautet

$$\sigma\frac{\partial\varphi}{\partial\sigma} = -n\varphi \Rightarrow \varphi_n = \sigma^{-n}\chi_n(\omega,\vartheta)\,. \tag{10.2}$$

Also genügen die χ_n nach (5.6) der Differentialgleichung

$$\frac{\partial^2\chi_n}{\partial\omega^2} + \frac{\partial^2\chi_n}{\partial\vartheta^2} - \frac{n(n+1)}{\sinh^2\vartheta}\chi_n = 0\,, \tag{10.3}$$

woraus sofort folgt, daß $\chi_n = \chi_{-n-1}$ ist. Differenziert man andererseits eine homogene Funktion nach $\partial/\partial x$ (oder $\partial/\partial y$ bzw. $\partial/\partial z$), so erniedrigt sich deren Homogenitätsordnung um 1. Daraus erhält man sofort eine RODRIGUES-Formel für die homogenen Potentiale (siehe GERMAIN [5]):

$$\varphi_n = \sigma^{-2n-1}\left(\frac{\partial}{\partial x}\right)^n \sigma\varphi_0(\zeta + i\eta)\,. \tag{10.4}$$

Eine genauere Untersuchung führt schließlich auf die RODRIGUES-Formel der Multipole,

$$\begin{aligned}\varphi_{n,m} &= \sigma^{-2n-1}\,e^{im\omega}\left(\frac{\partial}{\partial x}\right)^n(\sigma\sinh m\vartheta)\,; \quad n < m\,,\\ \varphi_{n,m} &= \sigma^{-2n-1}\left(\frac{\partial}{\partial x}\right)^{n-m}\left(i\frac{\partial}{\partial y} + \frac{\partial}{\partial z}\right)^m(\sigma\vartheta)\,; \quad n \geqq m\,,\end{aligned} \tag{10.5}$$

aus der übrigens eine bemerkenswerte (und in den Standardwerken über Kugelfunktionen nicht verzeichnete) Darstellung der Kugelfunktionen zweiter Art folgt:

$$Q_n^0\left(\frac{x}{\sqrt{x^2-1}}\right) = C_n(\sqrt{x^2-1})^{n+1}\left(\frac{\partial}{\partial x}\right)^n\frac{\ln(x+\sqrt{x^2-1})}{\sqrt{x^2-1}}. \tag{10.6}$$

Für die homogenen Potentiale läßt sich aus (6.5) für $f(t) = t^n$ eine Integraldarstellung gewinnen:

$$\varphi_n = \sigma^{-n}\int_{-\vartheta}^{+\vartheta}\left(\frac{\cosh\vartheta - \cosh\tau}{\sinh\vartheta}\right)^n\varphi_0(e^{i\omega-\tau})\,d\tau\,. \tag{10.7}$$

11. Das Nachlauffeld

Ist die Quellstärke $f(x)$ nur im Intervall $(0, l)$ von Null verschieden, so lautet die Ausstrahlungslösung (6.4) im Nachlauffeld (das heißt innerhalb des MACHkegels des Heckpunktes $x = li$):

$$\varphi = \int_0^l \frac{f(x_0)\,\varphi_0\left(\dfrac{z+iy}{(x-x_0)+\sqrt{(x-x_0)^2-y^2-z^2}}\right)dx_0}{\sqrt{(x-x_0)^2-y^2-z^2}}. \tag{11.1}$$

Die Multipolentwicklung führt in dieser Form nicht wieder auf Kugelfunktionen. Durch den kleinen Trick $\int_0^l = \int_0^{x-r} + \int_{x-r}^l$ läßt sich jedoch durch Überlagerung zweier Felder wieder die bequeme Darstellung in Kugelfunktionen erzielen. Dies führt zu der Multipolentwicklung des Nachlauffeldes

$$\varphi = \sum_{n=1}^{\infty}\sum_{m=0}^{\infty} c_{n,m}\,e^{im\omega}\left[\sigma^{-n}Q_n^m(\coth\vartheta) - \sum_{\nu=0}^{n}\binom{n+m}{\nu+m}l^{n-\nu}\sigma_l^{-\nu}Q_\nu^m(\coth\vartheta_l)\right], \tag{11.2}$$

wenn $\sigma_l = ((x-l)^2 - y^2 - z^2)^{-1/2}$ und $\vartheta_l = \operatorname{arcosh}\dfrac{x-l}{\sqrt{y^2+z^2}}$ bedeutet.

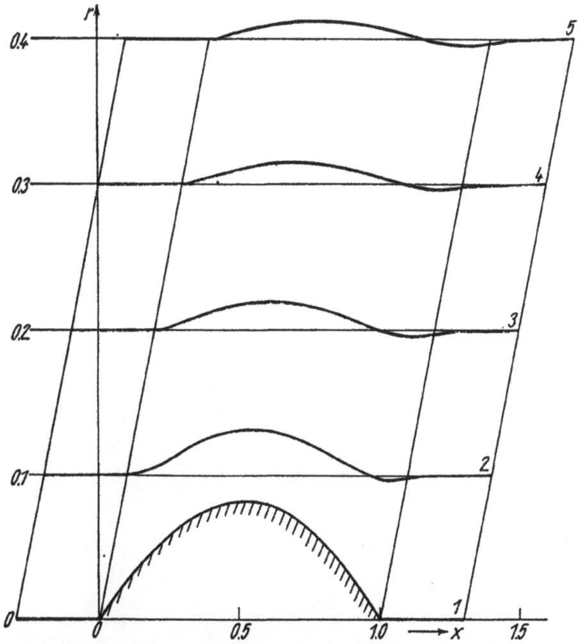

Bild 2. Stromlinien der linearen Überschalltheorie bei Umströmung eines Rotationskörpers (5fach überhöht)

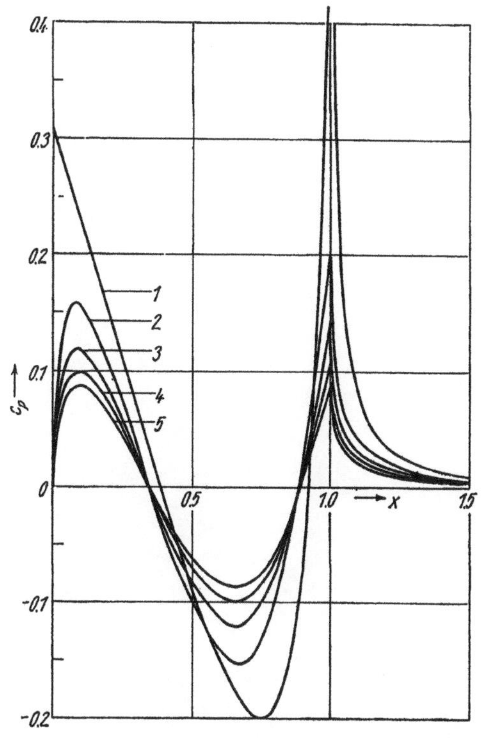

Bild 3. Druckbeiwert auf den Stromlinien

Beispielrechnung: (siehe Bild 2 und 3)
Als Beispiel wird das Überschallfeld um einen Rotationskörper sowie dessen Nachlauffeld berechnet. Die Quellfunktion nach (6.4),

$$f(x) = x(1 - x)(1 - 2x); \quad \varphi_0(\eta, \zeta) = \text{const.},$$

wird so gewählt, daß ein geschlossener Körper entsteht, wofür

$$\int_0^1 f(x)\,dx = 0$$

notwendig und hinreichend ist. Während zweidimensionale Störwellen sich ungestört längs der Charakteristiken fortpflanzen, ist das Abklingverhalten der Stromlinien und des Druckes deutlich erkennbar.

Literatur

1 KÁRMÁN, TH. v.; MOORE, N. B., The Resistance of Slender Bodies Moving with Supersonic Velocities with Special Reference to Projectiles, Tras. Amer. Soc. Mech. Engrs. 54 (1932), S. 303–310.
2 TSIEN, H. S., Supersonic Flow over an Inclined Body of Revolution, Jour. Aero. Sci. 5 (1938), S. 480–483.
3 BUSEMANN, A., Infinitesimale kegelige Überschallströmung, Jahrbuch der Deutschen Akademie der Luftfahrtforschung 7B (1943), S. 105–122.
4 LIGHTHILL, M. J., Supersonic Flow Past Bodies of Revolution, ARC-Report R u. M 2003 (1945).
5 GERMAIN, P., The General Theory of Conical Motions and its Application to Supersonic Aerodynamics, ONERA Publication 34 (1949).
6 HAYES, W. D.; ROBERTS, R. C.; HAASER, N., Generalized Linearized Conical Flow, US NACA Tech. Note 2667 (1952).
7 NIELSEN, J., Quasi-Cylindrical Theory of Wing-Body-Interference at Supersonic Speeds and Comparison with Experiments, NACA Rep. 1252 (1955).
8 SEARS, W. K., General Theory of High-Speed Aerodynamics, University Press, Cambridge (1955).
9 WARD, G. N., Linearized Theory of Steady High-Speed-Flow, University Press, Cambridge (1955).
10 MÜNCH, J., Beiträge zum Quellsenkenverfahren für die Berechnung von Überschallströmungen, ZAMM 37 (1957), S. 51–63.
11 SAUER, R., Anfangswertprobleme bei partiellen Differentialgleichungen, Springer-Verlag, Berlin (1958).
12 HOBSON, E. W., The Theory of Spherical and Ellipsoidal Harmonics, University Press, Cambridge (1931).
13 WELLMANN, J., Der Einfluß der MACHzahl auf Wellenwiderstandsoptimierte Rümpfe und Profile bei Überschallströmung, ZAMM 54, Nr. 7 (1974), S. 389–404.
14 WELLMANN, J., Die Lösung des Anfangsrandwertproblems der linearen Überschallströmung um einen angestellten elliptischen Kegel. ZAMP Vol. 28 (1977).

Eingereicht am 26. 6. 1975, revidierte Fassung am 26. 4. 1976

Anschrift: Dr. J. WELLMANN, Institut für Mathematik, Technische Hochschule D61 Darmstadt, BRD

ZAMM 57, 515 – 525 (1977)

WALTER PURKERT / JÜRGEN VOM SCHEIDT

Zur approximativen Lösung des Mittelungsproblems für die Eigenwerte stochastischer Differentialoperatoren

Es wird ein stochastisches Eigenwertproblem $\sum_{i=0}^{2n} a_i(x, \omega) \frac{d^i u}{dx^i} = \lambda u$ *mit den Randbedingungen* $\sum_{j=0}^{2n-1} \alpha_{ij} u^{(j)}(0) + \sum_{k=0}^{2n-1} \beta_{ik} u^{(k)}(1) = 0$ *betrachtet.*

Die Eigenwerte $\lambda_\nu(\omega)$ *sind dann Zufallsgrößen. Ersetzt man im Ausgangsproblem die stochastischen Größen* $a_i(x, \omega)$ *durch ihre Erwartungswerte* $\langle a_i(x) \rangle$, *so entsteht das sogenannte gemittelte Problem* $\sum_{i=0}^{2n} \langle a_i(x) \rangle \frac{d^i u}{dx^i} = \mu u$, *(gleiche Randbedingungen); dessen Eigenwerte seien* μ_ν. *Es werden unter 2. für den Fall selbstadjungierter Operatoren Formeln angegeben, die den Vergleich von* $\langle \lambda_\nu \rangle$ *und* μ_ν *gestatten. Ferner werden die Korrelationskoeffizienten und Varianzen der* $\lambda_\nu(\omega)$ *näherungsweise berechnet. Unter 3. werden ähnliche Resultate für den Fall nichtsymmetrischer zufälliger Störungen erhalten. In 4. erfolgen Anwendungen auf die eindimensionale Schrödinger-Gleichung mit zufälligem Potential sowie auf das Problem kleiner transversaler Schwingungen eines elastischen Trägers bei zufälligen Schwankungen der Querschnittsfläche und des Trägheitsmoments.*

The paper deals with a stochastic eigenvalue problem $\sum_{i=0}^{2n} a_i(x, \omega) \frac{d^i u}{dx^i} = \lambda u$ *with boundary conditions* $\sum_{j=0}^{2n-1} \alpha_{ij} u^{(j)}(0) + \sum_{k=0}^{2n-1} \beta_{ik} u^{(k)}(1) = 0$.

The eigenvalues $\lambda_\nu(\omega)$ *are then random variables. Replacing the stochastic values* $a_i(x, \omega)$ *in the original problem by their expectations* $\langle a_i(x) \rangle$ *leads to the so-called mean problem* $\sum_{i=0}^{2n} \langle a_i(x) \rangle \frac{d^i u}{dx^i} = \mu u$ *(the same boundary conditions); let* μ_ν *be its eigenvalues. In 2. there are given formulas for the case of selfadjoint operators which allow to compare* $\langle \lambda_\nu \rangle$ *with* μ_ν. *Moreover the correlation coefficients and variances of* $\lambda_\nu(\omega)$ *are approximately calculated. In 3. similar results are found for the case of nonsymmetrical random perturbations. In 4. applications are made to the one-dimensional Schrödinger equation with random potential and to the problem of small transversal oscillations of an elastic carrier under random oscillations of its cross section and inertness moment.*

Рассматривается случайная задача на собственные значения $\sum_{i=0}^{2n} a_i(x, \omega) \frac{d^i u}{dx^i} = \lambda u$ с краевыми условиями $\sum_{j=0}^{2n-1} \alpha_{ij} u^{(j)}(0) + \sum_{k=0}^{2n-1} \beta_{ik} u^{(k)}(1) = 0$

Собственные значения $\lambda_\nu(\omega)$ тогда являются случайными величинами. Если заменить в исходной задаче случайные величины $a_i(x, \omega)$ их математическими ожиданиями $\langle a_i(x) \rangle$, то возникает так называемая усредненная задача $\sum_{i=0}^{2n} \langle a_i(x) \rangle \frac{d^i u}{dx^i} = \mu u$ (краевые условия те же); ее собственные значения обозначим через μ_ν. Во второй части для случая самосопряженных операторов приводятся формулы, позволяющие сравнение $\langle \lambda_\nu \rangle$ и μ_ν. Далее приближенно вычисляются коэффициенты корреляции и дисперсии величин $\lambda_\nu(\omega)$. В третьей части выводятся аналогичные результаты для случая несимметричных случайных возмущений. В четвертой части полученные результаты применяются к одномерному уравнению Шредингера со случайным потенциалом, а также к задаче о малых поперечных колебаниях упругой балки при случайных изменениях площади поперечного сечения и момента инерции.

Einleitung

In vielen Eigenwertproblemen der Physik und Technik gehen Koeffizienten ein, die man oft als Zufallsgrößen oder stochastische Prozesse interpretieren muß, um ein realistisches Modell des beschriebenen Vorgangs zu haben. Die Eigenwerte sind dann Zufallsgrößen. In der Praxis werden solche Probleme oft so gelöst, daß die stochastischen Größen in den Gleichungen durch ihre Mittelwerte ersetzt werden und das so entstehende deterministische Problem — man nennt es das *gemittelte Problem* — gelöst wird. In vielen Fällen ist ein solches Vorgehen angebracht, weil die Streuungen der Eingangsgrößen oft sehr klein sind. Sind die Streuungen jedoch merklich, so ist dieser Weg fehlerhaft, und es sind Beispiele aus der Physik bekannt, in dem die durch vorherige Mittelung gewonnenen Ergebnisse dem Experiment widersprechen. Ein realistischer Weg wäre dann die Berechnung der Eigenwerte λ_i als Zufallsgrößen und die anschließende Berechnung der Erwartungswerte $\langle \lambda_i \rangle$ der λ_i. Bezeichnen wir die Eigenwerte des gemittelten Problems mit μ_i, so kommt es also darauf an, $\langle \lambda_i \rangle$ und μ_i zu vergleichen. Dieses Problem wollen wir als *Mittelungsproblem* bezeichnen. Es kann ganz allgemein für beliebige stochastische Gleichungen formuliert werden: Wie hängt die deterministische Lösung der vorher gemittelten Gleichung mit dem Erwartungswert der stochastischen Lösung zusammen? Das Mittelungsproblem ist ein Grundproblem der stochastischen Analysis (vgl. [1]).

1. Problemstellung

$\{\Omega, \mathfrak{S}, \mathsf{P}\}$ sei ein Wahrscheinlichkeitsraum und $a_i(x, \omega)$ seien hinreichend reguläre stochastische Prozesse ($i = 0, \dots, 2n$). Wir betrachten dann das *stochastische Eigenwertproblem*

$$L(\omega)\, u := \sum_{i=0}^{2n} a_i(x, \omega) \frac{d^i u}{dx^i} = \lambda u\,, \qquad U_i[u] = 0\,, \qquad i = 1, \dots, 2n\,. \tag{1}$$

Dabei sind

$$U_i[u] := \sum_{j=0}^{2n-1} \alpha_{ij} u^{(j)}(0) + \sum_{k=0}^{2n-1} \beta_{ik} u^{(k)}(1) = 0 \tag{2}$$

$2n$ linear unabhängige nichtzufällige Randbedingungen an die gesuchte Funktion $u(x, \omega)$ in $x = 0$ und $x = 1$. Bezeichnet man mit $\langle a_i(x)\rangle$ die Erwartungswerte der Prozesse $a_i(x, \omega)$, d. h. $\langle a_i(x)\rangle = \int_\Omega a_i(x, \omega)\, \mathsf{P}(d\omega)$, so ist $\langle L\rangle := \sum_{i=0}^{2n} \langle a_i(x)\rangle \frac{d^i}{dx^i}$ ein nichtzufälliger (deterministischer) Differentialoperator und

$$\langle L\rangle u = \mu u\,, \qquad U_i[u] = 0 \tag{3}$$

ist das zu (1) gehörige *gemittelte Problem*. Seien die Bedingungen für ein diskretes Spektrum erfüllt und $\lambda_i(\omega)$ die Eigenwerte von (1), μ_i die des gemittelten Problems (3), so werden Formeln angegeben, die es gestatten, die Abweichung von $\langle\lambda_i\rangle$ und μ_i näherungsweise zu berechnen. Ferner werden Näherungen für die Korrelationskoeffizienten und die Varianzen der λ_i angegeben.

2. Selbstadjungierte Operatoren

Die Funktionen $u \in \mathfrak{U}$ mit

$$\mathfrak{U} = \{u \in C^{2n}(0, 1),\ U_i[u] = 0\,,\ i = 1, \dots, 2n\}$$

heißen *zulässig* für das Eigenwertproblem (1) bzw. für das zugehörige gemittelte Problem (3). Das Eigenwertproblem (1) heißt *selbstadjungiert*, falls

$$L(\omega)\, u = \sum_{r=0}^{n} (-1)^r\, [f_r(x, \omega)\, u^{(r)}]^{(r)}$$

ist ($f_r(x, \omega)$ gegebene reelle r-mal f. ü. stetig differenzierbare stochastische Prozesse; $f_n(x, \omega) \neq 0$ f. ü.) und für alle $u, v \in \mathfrak{U}$ gilt: $(L(\omega)\, u, v) = (u, L(\omega) v)$.

Der Operator $L(\omega)$ sei ferner *positiv definit*, d. h. für alle $u \not\equiv 0$, $u \in \mathfrak{U}$ und alle $\omega \in \Omega\backslash N$ mit $\mathsf{P}(N) = 0$ gelte $(L(\omega)\, u, u) > 0$. Im Falle eines selbstadjungierten positiv definiten Operators $L(\omega)$ hat auch der gemittelte Operator $\langle L\rangle$ diese Eigenschaften. Man kann auch zeigen, daß die energetischen Räume $H_{L(\omega)}$ der Operatoren $L(\omega)$ für fast alle $\omega \in \Omega$ mit dem energetischen Raum $H_{\langle L\rangle}$ des gemittelten Operators übereinstimmen.

Für die folgenden Untersuchungen sei das Eigenwertproblem (1) selbstadjungiert und positiv definit. $\{\psi_k\}$ bezeichne ein System von Elementen aus $H_{\langle L\rangle}$ mit den beiden Eigenschaften:

1. Bei beliebigem n sind die Elemente $\psi_1, \dots, \psi_n$ linear unabhängig.
2. Das System $\{\psi_k\}$ sei in $H_{\langle L\rangle}$ vollständig.

Aus 2. folgt auch die Vollständigkeit von $\{\psi_k\}$ in $H_{L(\omega)}$ für fast alle $\omega \in \Omega$. Ohne Beschränkung der Allgemeinheit sei $\{\psi_k\}$ ein Orthonormalsystem in $L_2(0, 1)$. Wir verwenden nun die Methode von RITZ-GALERKIN mit dem System $\{\psi_k\}$. Das Minimumproblem $(L(\omega)\, u, u) \Rightarrow$ min. für $u = \sum_{i=1}^{m} c_i\psi_i$ unter der Nebenbedingung $\|u\|^2 = \sum_{i=1}^{m} c_i^2 = 1$ führt auf das lineare Gleichungssystem

$$\sum_{k=1}^{m} [(L(\omega)\, \psi_i, \psi_k) - \Lambda\delta_{ik}]\, c_k = 0\,, \qquad i = 1, \dots, m\,. \tag{4}$$

Dieses System besitzt dann und nur dann eine nichttriviale Lösung $\{c_1, \dots, c_m\}$, falls die Koeffizientendeterminante Null ist:

$$\det\left((L(\omega)\, \psi_i, \psi_k) - \Lambda\delta_{ik}\right)_{1 \leq i, k \leq m} = 0\,. \tag{5}$$

Die sich aus der Gleichung (5) ergebenden Wurzeln $\Lambda_i(\omega) := \lambda_i^{(m)}(\omega)$, $i = 1, \dots, m$, sind fast überall obere Schranken der ersten m Eigenwerte des Problems (1) mit den aufgeführten Eigenschaften: $\lambda_i(\omega) \leqq \lambda_i^{(m)}(\omega)$ f. ü. für $i = 1, \dots, m$.

Außerdem gilt fast überall

$$\lim_{m\to\infty} \lambda_i^{(m)}(\omega) = \lambda_i(\omega) \qquad (\lambda_i^{(m)} = 0 \quad \text{für} \quad i > m)\,, \tag{6}$$

da das System $\{\psi_k\}$ in $H_{L(\omega)}$ vollständig ist (vgl. [5], [9]). Ebenso hat man für die Eigenfunktionen $u_i(x, \omega)$ von (1) bei $f_r(x, \omega) \geqq 0$ f. ü. und $f_p(x, \omega) \geqq f_{p0} > 0$ f. ü. ($p > 0$) und einfachen Eigenwerten μ_i

$$\lim_{m\to\infty} \sum_{k=1}^{m} c_{ki}^{(m)}(\omega) \frac{d^q}{dx^q} \psi_k(x) = \frac{d^q}{dx^q} u_i(x, \omega) \tag{7}$$

gleichmäßig fast überall für $q = 0, 1, \dots, p - 1$, falls $\{c_{1i}^{(m)}, \dots, c_{mi}^{(m)}\}$ die Lösung des Systems (4) für $\Lambda = \lambda_i^{(m)}$ ist ($c_{ki}^{(m)} = 0$ für $i > m$). Diese Behauptung folgt mit $u_{mi}(x, \omega) = \sum_{k=1}^{m} c_{ki}^{(m)}(\omega)\, \psi_k(x)$ sofort aus den Abschätzungen:

$$(L(\omega)\, (u_{mi} - u_i), u_{mi} - u_i) = \sum_{k=0}^{m} (f_k(u_{mi} - u_i)^{(k)}, (u_{mi} - u_i)^{(k)}) \geqq f_{p0} \int_0^1 (u_{mi}^{(p)} - u_i^{(p)})^2\, dx\,;$$

$$(u_{mi}^{(q)} - u_i^{(q)})^2 \leqq \int_0^1 (u_{mi}^{(p)} - u_i^{(p)})^2\, dx$$

und

$$\lim_{m\to\infty} \left(L(\omega)\,(u_{mi} - u_i),\, u_{mi} - u_i\right) = 0\,,$$

falls $u^{(r)}(0) = 0$ $(r = 0, 1, \ldots, p-1)$ unter den Randbedingungen enthalten ist.

Der *stochastische Differentialoperator* werde in der Form

$$L(\omega) = \langle L\rangle + \left(L(\omega) - \langle L\rangle\right) := \langle L\rangle + L_1(\omega)$$

mit $\langle L_1(\omega)\rangle = 0$ geschrieben. Dabei ist

$$\langle L\rangle\, u = \sum_{r=0}^{n} (-1)^r\, [\langle f_r\rangle\, u^{(r)}]^{(r)}$$

und

$$L_1(\omega)\, u = \sum_{r=0}^{n} (-1)^r\, [(f_r - \langle f_r\rangle)\, u^{(r)}]^{(r)} := \sum_{r=0}^{n} (-1)^r\, [\tilde{f}_r u^{(r)}]^{(r)}\,. \tag{8}$$

Wir wollen voraussetzen, daß das gemittelte Problem (3) nur einfache Eigenwerte $\mu_1, \mu_2, \ldots$ mit den Eigenfunktionen $w_1(x), w_2(x), \ldots$ besitzt. Weiterhin sei zur Sicherung der Konvergenz der Entwicklungen $\|L_1(\omega)\, u\| \leqq a(\omega)\, \|u\| + b(\omega)\, \|\langle L\rangle\, u\|$ für alle $u \in D(\langle L\rangle)$ mit genügend kleinen Zufallsgrößen $a(\omega)$, $b(\omega)$. Mit $a_{ik} := (\langle L\rangle\, w_i, w_k) = \mu_i \delta_{ik}$ und $b_{ik} := \left(L_1(\omega)\, w_i, w_k\right)$ ist

$$\left(L(\omega)\, w_i, w_k\right) = a_{ik} + b_{ik}(\omega)\,.$$

Für zufällige $m \times m$-Matrizen dieses Typs haben wir in einer früheren Arbeit [11] Entwicklungen der Eigenwerte $\lambda_l^{(m)}(\omega)$ $(l = 1, \ldots, m)$ nach homogenen Gliedern in den $b_{ij}(\omega)$ angegeben. Sie lauten

$$\lambda_l^{(m)}(\omega) = \mu_l + \lambda_{1l}^{(m)}(\omega) + \lambda_{2l}^{(m)}(\omega) + \lambda_{3l}^{(m)}(\omega) + \lambda_{4l}^{(m)}(\omega) + \cdots$$

mit:

$$\lambda_{1l}^{(m)}(\omega) = b_{ll}\,,$$

$$\lambda_{2l}^{(m)}(\omega) = -\sum_{i\neq l}^{m} \frac{b_{il}^2}{\mu_{il}}\,,$$

$$\lambda_{3l}^{(m)}(\omega) = -b_{ll} \sum_{i\neq l}^{m} \frac{b_{il}^2}{\mu_{il}^2} + \sum_{i,j\neq l}^{m} \frac{b_{il} b_{jl} b_{ij}}{\mu_{il}\mu_{jl}}\,,$$

$$\lambda_{4l}^{(m)}(\omega) = -b_{ll}^2 \sum_{i\neq l}^{m} \frac{b_{il}^2}{\mu_{il}^3} + 2b_{ll} \sum_{i,j\neq l}^{m} \frac{b_{il} b_{jl} b_{ij}}{\mu_{il}^2 \mu_{jl}} + \sum_{i,j\neq l}^{m} \frac{b_{il}^2 b_{jl}^2}{\mu_{il}^2 \mu_{jl}} - \sum_{i,j,r\neq l}^{m} \frac{b_{il} b_{jl} b_{ik} b_{jk}}{\mu_{il}\mu_{jl}\mu_{rl}}\,.$$

Dabei ist $\mu_{ij} = \mu_i - \mu_j$. Wegen (6) ergibt sich hieraus eine Entwicklung der Eigenwerte $\lambda_l(\omega)$, indem man m gegen Unendlich gehen läßt. Die entstehenden Reihen sind f. ü. konvergent (s. u.). Die Ergebnisse lassen sich in folgendem Satz zusammenfassen:

Satz 1. *Die Eigenwerte $\lambda_l(\omega)$ des selbstadjungierten positiv definiten stochastischen Eigenwertproblems*

$$L(\omega)\, u = \sum_{r=0}^{n} (-1)^r\, [f_r(x, \omega)\, u^{(r)}]^{(r)} = \lambda u\,, \qquad U_i[u] = 0\,, \qquad i = 1, \ldots, 2n$$

besitzen eine Entwicklung der Art

$$\lambda_l(\omega) = \mu_l + \lambda_{1l}(\omega) + \lambda_{2l}(\omega) + \lambda_{3l}(\omega) + \lambda_{4l}(\omega) + \ldots\,,$$

wobei die $\lambda_{\nu l}(\omega)$ sich aus obigen $\lambda_{\nu l}^{(m)}(\omega)$ für $m \to \infty$ ergeben, also z. B. $\lambda_{2l}(\omega) = -\sum_{i\neq l}^{\infty} \frac{b_{il}^2}{\mu_{il}}$.

Vorausgesetzt wird, daß das gemittelte Problem $\langle L\rangle\, u = \mu u$, $U_i[u] = 0$ $(i = 1, \ldots, 2n)$ nur einfache Eigenwerte μ_j besitzt. Zur Abkürzung ist dabei

$$\left((L(\omega) - \langle L\rangle)\, w_i, w_j\right) = b_{ij}(\omega) \quad \text{und} \quad \mu_i - \mu_j = \mu_{ij}$$

gesetzt. Das System $\{w_j\}$ sei in $L_2(0, 1)$ orthonormiert.

Folgerung. *Satz 1 erlaubt die approximative Lösung des Mittelungsproblems.* So ist bis auf Glieder höherer als zweiter Ordnung in den stochastischen Störungen $b_{ij}(\omega)$:

$$\langle\lambda_l\rangle - \mu_l = \langle\lambda_{1l}\rangle + \langle\lambda_{2l}\rangle = -\sum_{i\neq l}^{\infty} \frac{\langle b_{il}^2\rangle}{\mu_{il}}\,.$$

Man kann also bei Kenntnis der Varianzen der Störungen (dafür benötigt man wiederum nur die Kreuz- und Autokorrelationsfunktionen der Koeffizienten $f_r(x, \omega)$ des Operators L; s. Bemerkung 3) die Abweichungen von $\langle\lambda_l\rangle$ und μ_l bis auf Glieder höherer als zweiter Ordnung berechnen. In den Arbeiten von BOYCE und GOODWIN (vgl. [2] bis [4], [6]) wird lediglich das Resultat $\lambda_l(\omega) \approx \mu_l + b_{ll}$ erreicht, welches wegen $\langle b_{ll}\rangle = 0$ nur die grobe Näherung $\langle\lambda_l\rangle \approx \mu_l$ liefert. Beherrscht man die Momente der $b_{il}(\omega)$ bis zur Ordnung 4 (was z. B. bei einer gemeinsamen GAUSS-Verteilung der Störungen der Fall ist), so kann man mittels Satz 1 $\langle\lambda_l\rangle - \mu_l$ bis zu Gliedern 4. Ordnung berechnen.

Bemerkung 1. Betrachtet man stochastische Eigenwertprobleme wie in Satz 1, so gilt wegen der positiven Definitheit von $\langle L\rangle$ für alle $i = 1, 2, \ldots$: $0 \leqq \mu_1 \leqq \mu_i$. Damit ist das System der Eigenfunktionen $\{w_i\}$ des gemittelten Problems stark minimal in $H_{\langle L\rangle}$ und folglich auch f. ü. in $H_{L(\omega)}$, d. h. $\inf_n \varkappa_1^{(n)}(\omega) > 0$, wenn $\varkappa_1^{(n)}(\omega)$ den kleinsten Eigenwert der Matrix $\left((L(\omega) w_i, w_j)\right)_{1\leqq i,j\leqq n}$ bezeichnet. Das folgt aus der Halbähnlichkeit der Operatoren $L(\omega)$ und $\langle L\rangle$ wegen der Eigenschaft $c_1(\omega)\, |u|_{L(\omega)} \leqq |u|_{\langle L\rangle} \leqq c_2(\omega)\, |u|_{L(\omega)}$

fast überall. Die starke Minimalität ist aber hinreichend für die Stabilität des Ritzschen Verfahrens bei der Berechnung der Eigenwerte (vgl. [9]).

Verwendet man statt des Systems $\{w_i\}$ das System $\left\{\tilde{w}_i := \frac{w_i}{|w_i|_{\langle L\rangle}} = \frac{w_i}{\sqrt{\mu_i}}\right\}$, so ist das System in $H_{\langle L\rangle}$ orthonormiert. Aus dieser Eigenschaft und der obigen Abschätzung für die Normen $|.|_{\langle L\rangle}$ und $|.|_{L(\omega)}$ folgt die fast-Orthonormiertheit des Systems $\{\tilde{w}_i\}$ in $H_{L(\omega)}$, d. h. es existieren positive Zufallsgrößen $k(\omega)$ und $K(\omega)$ mit der Eigenschaft

$$0 < k(\omega) \leqq \tilde{x}_m^{(n)}(\omega) \leqq K(\omega)$$

für alle Eigenwerte $\tilde{x}_m^{(n)}(\omega)$ der Matrix $((L(\omega)\,\tilde{w}_i, \tilde{w}_j))_{1\leqq i,j\leqq n}$. Diese Eigenschaft ist wichtig bei iterativen Lösungen, denn sie ist eine hinreichende Bedingung für die Beschränktheit der Konditionszahl der Ritzschen Matrix $((L(\omega)\,\tilde{w}_i, \tilde{w}_j))_{1\leqq i,j\leqq n}$. Unter Verwendung des Systems $\{\tilde{w}_i\}$ ergeben sich die Ritzschen Näherungen aus der Determinantengleichung

$$\det(\mu_i\delta_{ij} + b_{ij} - \Lambda\delta_{ij}) = 0\,,$$

mit $b_{ij} = \sqrt{\frac{\mu_i}{\mu_j}}\,(L_1(\omega)\,w_i, w_j)$. Allerdings lassen sich die Resultate aus [11] wegen der Asymmetrie der Störungen b_{ij} nicht ohne weiteres anwenden.

Satz 2. *Unter der Voraussetzung der Konvergenz in* (7) *für* $q = 0$ *und den Voraussetzungen des Satzes* 1 *gilt für die Eigenfunktionen* $u_l(x, \omega)$ *(zu den Eigenwerten* $\lambda_l(\omega)$*)*

$$u_l(x, \omega) = w_l(x) - \sum_{k\neq l}^{\infty} \frac{b_{kl}}{\mu_{kl}} w_k(x) + \sum_{k\neq l}^{\infty}\left[\sum_{j\neq l}^{\infty} \frac{b_{kj}b_{jl}}{\mu_{kl}\mu_{jl}} - \frac{b_{ll}b_{kl}}{\mu_{kl}^2}\right] w_k(x) + \dots,$$

wenn man bis zu Gliedern zweiter Ordnung in den b_{ij} *entwickelt.*

Der Beweis sowie weitergehende Entwicklungen (bis zu Gliedern 4. Ordnung) ergeben sich aus den Ergebnissen der Arbeit [11].

Bemerkung 2. Die in Satz 1 auftretenden unendlichen Reihen sind f. ü. konvergent und die Reihen in Satz 2 sind f. ü. gleichmäßig und absolut konvergent.

Beweis. Zunächst folgt die Behauptung für

$$u_{1l} := -\sum_{r\neq l}^{\infty} \frac{(L_1 w_l, w_r)}{\mu_{rl}} w_r = -\sum_{r\neq l}^{\infty} \frac{\mu_r}{\mu_{rl}} (TL_1 w_l, w_r)\, w_r$$

aus der Abschätzung

$$\left|\sum_{r\neq l}^{\infty} \frac{\mu_r}{\mu_{rl}} (TL_1 w_l, w_r)\, w_r\right| \leqq \alpha \sum_{r=1}^{\infty} |(TL_1 w_l, w_r)\, w_r|$$

mit $\left|\frac{\mu_r}{\mu_{rl}}\right| \leqq \alpha$ für alle r, denn die Reihe $\sum_{r=1}^{\infty} (TL_1 w_l, w_r)\, w_r$ ist gleichmäßig und absolut f. ü. konvergent, da $TL_1 w_l$ eine zulässige Funktion bezüglich L_0 ist. Dabei ist $Tu(x) = \int_0^1 G(x, y)\, u(y)\, dy$, $G(x, y)$ die Greensche Funktion zu L_0 und $U_i[u] = 0$. Hieraus ergibt sich sofort die f. ü.-Konvergenz der Reihe

$$\sum_{r\neq l}^{\infty} \frac{b_{rl}^2}{\mu_{rl}}. \qquad u_{2l} := \sum_{k\neq l}^{\infty}\left[\sum_{j\neq l}^{\infty} \frac{b_{kj}b_{jl}}{\mu_{kl}\mu_{jl}} - \frac{b_{ll}b_{kl}}{\mu_{kl}^2}\right] w_k,$$

läßt sich in $-\sum_{r\neq l}^{\infty} \frac{\mu_r}{\mu_{rl}} (b_{ll}TL_1 w_l + TL_1 u_{1l}, w_r)\, w_r$ umformen. Damit folgt wie oben die f. ü. gleichmäßige und absolute Konvergenz der Reihe für u_{2l} und die f. ü.-Konvergenz der Reihen in dem Ausdruck für $\lambda_{3l}(\omega)$ im Satz 1. Entsprechend läßt sich die Konvergenz aller anderen auftretenden Reihen zeigen.

Mittels der Entwicklungen der $\lambda_l(\omega)$ aus Satz 1 lassen sich auch näherungsweise die Elemente der Korrelationsmatrix $R_{lk} := \langle(\lambda_l - \langle\lambda_l\rangle)\cdot(\lambda_k - \langle\lambda_k\rangle)\rangle$ der Eigenwerte berechnen:

Satz 3. *Unter den Voraussetzungen des Satzes* 1 *und mit den dort eingeführten Bezeichnungen gilt für die Korrelationsmatrix* R_{lk} *bis zu Gliedern* 4. *Ordnung*

$$R_{lk} = \langle\lambda_{1l}\lambda_{1k}\rangle + \langle\lambda_{1l}\lambda_{2k}\rangle + \langle\lambda_{1k}\lambda_{2l}\rangle + \langle\lambda_{1l}\lambda_{3k}\rangle + \langle\lambda_{1k}\lambda_{3l}\rangle + \langle(\lambda_{2l} - \langle\lambda_{2l}\rangle)\,(\lambda_{2k} - \langle\lambda_{2k}\rangle)\rangle + \dots.$$

Speziell ergibt sich für die Varianz des l.-ten Eigenwertes bis zu Gliedern 4. *Ordnung:*

$$\operatorname{Var}\lambda_l = \langle b_{ll}^2\rangle - 2\sum_{i\neq l}^{\infty} \frac{\langle b_{ll}b_{il}^2\rangle}{\mu_{il}} + \sum_{i,j\neq l}^{\infty} \frac{\langle b_{il}^2 b_{jl}^2\rangle - \langle b_{il}^2\rangle\langle b_{jl}^2\rangle}{\mu_{il}\mu_{jl}} - 2\sum_{i\neq l}^{\infty} \frac{\langle b_{ll}^2 b_{il}^2\rangle}{\mu_{il}^2} + 2\sum_{i,j\neq l}^{\infty} \frac{\langle b_{ll}b_{il}b_{jl}b_{ij}\rangle}{\mu_{il}\mu_{jl}} + \dots.$$

Bemerkung 3. Für die Berechnung von $\langle\lambda_l\rangle$, $\langle u_l(x)\rangle$ und R_{lk} bis zu Gliedern 2. Ordnung benötigt man nur die Kreuz- und Autokorrelationsfunktionen der stochastischen Prozesse $\tilde{f}_r(x, \omega)$.

Beweis. Mit den Bezeichnungen aus (8) berechnet man durch partielle Integration

$$b_{ij} = \sum_{r=0}^{n} (-1)^r ([\tilde{f}_r w_i^{(r)}]^{(r)}, w_j) = \sum_{r=0}^{n} (\tilde{f}_r w_i^{(r)}, w_j^{(r)}) + D_{ij} \quad \text{mit} \quad D_{ij} = \sum_{r=1}^{n}\sum_{k=0}^{r-1} (-1)^{r-k} (\tilde{f}_r w_i^{(r)})^{(r-k-1)} w_j^{(k)}]_0^1.$$

Die Randbedingungen seien so beschaffen, daß $D_{ij} = 0$ gilt, d. h. $L_1(\omega)$ symmetrisch ist. Dann ergibt sich für den Erwartungswert des Eigenwertes λ_l

$$\langle\lambda_l\rangle = \mu_l - \sum_{r,s=0}^{n}\sum_{i\neq l}^{\infty} \frac{1}{\mu_{il}} \int_0^1\int_0^1 \tilde{R}_{rs}(\tilde{x}, \tilde{y})\, w_i^{(r)}(\tilde{x})\, w_l^{(r)}(\tilde{x})\, w_i^{(s)}(\tilde{y})\, w_l^{(s)}(\tilde{y})\, d\tilde{x}\, d\tilde{y} + \dots,$$

für den Erwartungswert der Eigenfunktion $u_l(x, \omega)$ zu $\lambda_l(\omega)$

$$\langle u_l \rangle = w_l(x) + \sum_{k,j\neq l}^{\infty} \frac{w_k(x)}{\mu_{kl}\mu_{jl}} \sum_{r,s=0}^{n} \int_0^1 \int_0^1 \tilde{R}_{rs}(\tilde{x}, \tilde{y})\, w_k^{(r)}(\tilde{x})\, w_j^{(r)}(\tilde{x})\, w_j^{(s)}(\tilde{y})\, w_l^{(s)}(\tilde{y})\, \mathrm{d}\tilde{x}\, \mathrm{d}\tilde{y} -$$

$$- \sum_{k\neq l}^{\infty} \frac{w_k(x)}{\mu_{kl}^2} \sum_{r,s=0}^{n} \int_0^1 \int_0^1 \tilde{R}_{rs}(\tilde{x}, \tilde{y})\, w_l^{(r)}(\tilde{x})\, w_k^{(r)}(\tilde{x})\, w_k^{(s)}(\tilde{y})\, w_l^{(s)}(\tilde{y})\, \mathrm{d}\tilde{x}\, \mathrm{d}\tilde{y} + \dots$$

und für den Korrelationskoeffizienten zwischen den Eigenwerten λ_l und λ_k

$$R_{lk} = \sum_{r,s=0}^{n} \int_0^1 \int_0^1 \tilde{R}_{rs}(\tilde{x}, \tilde{y})\, w_l^{(r)}(\tilde{x})\, w_k^{(r)}(\tilde{x})\, w_l^{(s)}(\tilde{y})\, w_k^{(s)}(\tilde{y})\, \mathrm{d}\tilde{x}\, \mathrm{d}\tilde{y} + \dots$$

bis auf Glieder höherer als 2. Ordnung. In diesen Ausdrücken ist $\tilde{R}_{rs}(x, y)$ die Kreuzkorrelationsfunktion zwischen $\tilde{f}_r(x, \omega)$ und $\tilde{f}_s(y, \omega)$:

$$\tilde{R}_{rs}(x, y) = \langle \tilde{f}_r(x, \omega)\, \tilde{f}_s(y, \omega) \rangle .$$

Bei der Unkorreliertheit der Prozesse $\tilde{f}_0, \dots, \tilde{f}_n$ gilt $\tilde{R}_{rs}(x, y) = 0$ für $r \neq s$, und es ergibt sich bis auf Glieder höherer als 2. Ordnung:

$$\langle \lambda_l(\omega) \rangle = \mu_l - \sum_{r=0}^{n} \sum_{i\neq l}^{\infty} \frac{1}{\mu_{il}} B_{ilil}^r ,$$

$$\langle u_l(x, \omega) \rangle = w_l(x) - \sum_{r=0}^{n} \sum_{k,j\neq l}^{\infty} \frac{1}{\mu_{kl}\mu_{jl}} B_{kjjl}^r w_k(x) + \sum_{r=0}^{n} \sum_{k\neq l}^{\infty} \frac{1}{\mu_{kl}^2} B_{llkl}^r w_k(x)$$

und

$$R_{lk} = \sum_{r=0}^{n} B_{klkl}^r$$

mit

$$B_{ijpq}^r = \int_0^1 \int_0^1 \tilde{R}_{rr}(x, y)\, w_i^{(r)}(x)\, w_j^{(r)}(x)\, w_p^{(r)}(y)\, w_q^{(r)}(y)\, \mathrm{d}x\, \mathrm{d}y .$$

3. Unsymmetrisch gestörte Differentialoperatoren

Die Behauptungen der Sätze 1 und 2, die im Beweis dazu über das RITZsche Verfahren hergeleitet wurden, können auch mit funktionalanalytischen Methoden bewiesen werden, wie dies im folgenden für unsymmetrische Störungen getan wird.

Für das Eigenwertproblem

$$\big(L_0 + L_1(\omega)\big)\, u = \lambda u , \qquad U_i[u] = 0 , \qquad i = 1, 2, \dots, 2n ,$$

seien folgende Voraussetzungen erfüllt:

1. Das ungestörte Problem $L_0 w = \mu w$, $U_i[w] = 0$, $i = 1, \dots, 2n$, sei selbstadjungiert und positiv definit. Jeder Eigenwert habe die Vielfachheit 1.

2. $L_1(\omega)\, u = \sum_{k=0}^{2n} g_k(x, \omega)\, u^{(k)}$ sei ein nicht notwendig symmetrischer Operator mit der auf S. 517 angegebenen Konvergenzbedingung.

Die Ansätze $\lambda_l(\omega) = \sum_{j=0}^{\infty} \lambda_{jl}(\omega)$ für den Eigenwert λ_l und $u_l(x, \omega) = \sum_{j=0}^{\infty} u_{jl}(x, \omega)$ für die Eigenfunktion $u_l(x, \omega)$ in das Eigenwertproblem eingesetzt, ergeben die Gleichungen

$$L_0 u_{0l} = \lambda_{0l} u_{0l} , \qquad U_i[u_{0l}] = 0 , \qquad i = 1, \dots, 2n , \tag{9}$$

$$L_0 u_{kl} + L_1 u_{k-1l} = \sum_{s=0}^{k} \lambda_{sl} u_{k-sl} , \qquad U_i[u_{kl}] = 0 , \qquad i = 1, \dots, 2n , \tag{10}$$

für $k = 1, 2, \dots$ (vgl. dazu etwa [7]).

Aus (9) folgen die Eigenwerte $\lambda_{0l} = \mu_l$ und Eigenfunktionen $u_{0l}(x) = w_l(x)$ des ungestörten Problems mit $(w_i, w_k) = \delta_{ik}$. Das Skalarprodukt von (10) mit $w_l(x)$ gebildet, liefert unter Berücksichtigung von $(L_0 u_{kl}, w_l) = \mu_l(u_{kl}, w_l)$

$$\lambda_{kl} = (L_1 u_{k-1l}, w_l) - \sum_{s=1}^{k-1} \lambda_{sl}(u_{k-sl}, w_l) .$$

Schließlich ergibt sich

$$\lambda_{kl}(\omega) = \big(L_1(\omega)\, u_{k-1l}, w_l\big) , \tag{11}$$

wenn man die Näherungen u_{kl} so aus (10) bestimmt, daß $(u_{kl}, w_l) = 0$ gilt. Bezeichnet $G(x, y)$ die GREENsche Funktion zu L_0 und den Randbedingungen $U_i[u] = 0$, so ergibt sich aus (10)

$$u_{kl}(x, \omega) = \mu_l \int_0^1 G(x, y)\, u_{kl}(y, \omega)\, \mathrm{d}y + \int_0^1 G(x, y)\, g_{kl}(y, \omega)\, \mathrm{d}y$$

mit

$$g_{kl}(x, \omega) = - L_1 u_{k-1l}(x, \omega) + \sum_{s=1}^{k} \lambda_{sl}(\omega)\, u_{k-sl}(x, \omega) .$$

Der durch $Tf(x) = \int_0^1 G(x, y)\, f(y)\, dy$ definierte Operator T ist im $L_2(0, 1)$ beschränkt und selbstadjungiert und hat die Eigenwerte μ_k^{-1} und die Eigenfunktionen $w_k(x)$: $Tw_k(x) = \mu_k^{-1} w_k(x)$. Dann läßt sich die Lösung $u_{kl}(x, \omega)$ des Problems

$$u_{kl} - \mu_l T u_{kl} = T g_{kl}\,, \qquad U_i[u_{kl}(x, \omega)] = 0\,, \qquad i = 1, 2, \ldots, 2n\,,$$

in eine im $L_2(0, 1)$ f. ü. konvergente Reihe nach den Eigenfunktionen $w_k(x)$ des Operators T entwickeln:

$$u_{kl}(x, \omega) = Tg_{kl}(x, \omega) + \sum_{r \neq l}^{\infty} \frac{\mu_l}{\mu_{rl}} (Tg_{kl}, w_r)\, w_r(x) + c_l w_l(x)\,. \qquad Tg_{kl}(x, \omega)$$

ist f. ü. zulässig bezüglich des ungestörten Eigenwertproblems, und deshalb hat man $Tg_{kl} = \sum_{r=1}^{\infty} (Tg_{kl}, w_r)\, w_r$. Damit ist

$$u_{kl}(x, \omega) = \sum_{r \neq l}^{\infty} \frac{\mu_r}{\mu_{rl}} (Tg_{kl}, w_r)\, w_r(x) = \sum_{r \neq l}^{\infty} \frac{1}{\mu_{rl}} (g_{kl}, w_r)\, w_r(x)\,, \tag{12}$$

denn wegen $(u_{kl}(x, \omega), w_l(x)) = 0$ f. ü. muß $c_l = -(Tg_{kl}, w_l)$ gewählt werden $(\mu_{rl} = \mu_r - \mu_l)$. Die Reihen $\sum_{r \neq l}^{\infty} \frac{\mu_r}{\mu_{rl}} \cdot$ $\cdot\, (Tv, w_r)\, w_r^{(s)}(x)$ sind für $s = 0, 1, \ldots, n - 1$ in $0 \leq x \leq 1$ gleichmäßig und absolut f. ü. konvergent wegen

$$\left| \sum_{r \neq l}^{\infty} \frac{\mu_r}{\mu_{rl}} (Tv, w_r)\, w_r(x) \right| \leq \alpha \sum_{r=1}^{\infty} |(Tv, w_r)\, w_r(x)|$$

mit $\left|\frac{\mu_r}{\mu_{rl}}\right| \leq \alpha$ für alle r und der gleichmäßigen und absoluten Konvergenz der Reihe $\sum_{r=1}^{\infty} (Tv, w_r)\, w_r^{(s)}(x)$, $s = 0, 1, \ldots, n - 1$, für alle stetigen Funktionen v (vgl. [5]).

Mit $L_1 u = \sum_{k=0}^{2n} g_k(x, \omega)\, u^{(k)}(x)$ $(g_k(x, \omega)$ genügend glatt f. ü.) gilt für den adjungierten Operator $L_1^* u = \sum_{k=0}^{2n} (-1)^k\, (g_k(x, \omega)\, u(x))^{(k)}$

$$(L_1 u, v) = (u, L_1^* v) + D(u, v) \quad \text{mit} \quad D(u, v) = \sum_{k=0}^{2n} \sum_{p=1}^{k} (-1)^{p-1}\, u^{(k-p)} (g_k v)^{(p-1)} \Big|_0^1\,,$$

woraus $\lambda_{kl} = (u_{k-1l}, L_1^* w_l) + D(u_{k-1l}, w_l)$ folgt. Aus (12) ergibt sich dann

$$\lambda_{kl}(\omega) = \sum_{r \neq l}^{\infty} \frac{1}{\mu_{rl}} (g_{k-1l}, w_r)\, (L_1 w_r, w_l) - \sum_{r \neq l}^{\infty} \frac{1}{\mu_{rl}} (g_{k-1l}, w_r)\, D(w_r, w_l) + D(u_{k-1l}, w_l)\,.$$

Ist die unter (14) von Satz 4 angegebene Bedingung erfüllt, so erhält man wegen

$$\begin{aligned} D(u_{k-1l}, w_l) &= \sum_{r \neq l}^{\infty} \frac{1}{\mu_{rl}} (g_{k-1l}, w_r) \sum_{k=0}^{2n} \sum_{p=1}^{k} (-1)^{p-1}\, w_r^{(k-p)} (g_k, w_l)^{(p-1)} \Big|_0^1\,, \\ &= \sum_{r \neq l}^{\infty} \frac{1}{\mu_{rl}} (g_{k-1l}, w_r)\, D(w_r, w_l) \end{aligned}$$

die Gleichung

$$\lambda_{kl}(\omega) = \sum_{r \neq l}^{\infty} \frac{1}{\mu_{rl}} (g_{k-1l}, w_r)\, (L_1 w_r, w_l)\,, \tag{13}$$

die f. ü. absolut konvergent ist.

Satz 4. *Für die ersten Näherungen der Eigenwerte und Eigenfunktionen des zu Anfang dieses Abschnittes gestellten Eigenwertproblems gilt*

$$\begin{aligned} u_{0l}(x) &= w_l(x)\,, \\ u_{1l}(x, \omega) &= -\sum_{r \neq l}^{\infty} \frac{b_{lr}(\omega)}{\mu_{rl}} w_r(x)\,, \\ u_{2l}(x, \omega) &= -b_{ll}(\omega) \sum_{r \neq l}^{\infty} \frac{b_{lr}(\omega)}{\mu_{rl}^2} w_r(x) + \sum_{r, s \neq l}^{\infty} \frac{b_{ls}(\omega)\, b_{sr}(\omega)}{\mu_{sl} \mu_{rl}} w_r(x) \end{aligned}$$

und

$$\begin{aligned} \lambda_{0l} &= \mu_l\,, \\ \lambda_{1l}(\omega) &= b_{ll}(\omega)\,, \\ \lambda_{2l}(\omega) &= -\sum_{r \neq l}^{\infty} \frac{b_{lr}(\omega)\, b_{rl}(\omega)}{\mu_{rl}}\,, \\ \lambda_{3l}(\omega) &= -b_{ll}(\omega) \sum_{r \neq l}^{\infty} \frac{b_{lr}(\omega)\, b_{rl}(\omega)}{\mu_{rl}^2} + \sum_{r, s \neq l}^{\infty} \frac{b_{ls}(\omega)\, b_{sr}(\omega)\, b_{rl}(\omega)}{\mu_{sl} \mu_{rl}}\,, \end{aligned}$$

mit $b_{rs}(\omega) = (L_1(\omega)\, w_r, w_s)$, *falls für alle stetigen Funktionen* $u(x)$ *die Beziehung*

$$D\left(\sum_{r\neq l}^{\infty} \frac{\mu_r}{\mu_{rl}} (Tu, w_r)\, w_r, w_s\right) = \sum_{r\neq l}^{\infty} \frac{\mu_r}{\mu_{rl}} (Tu, w_r)\, D(w_r, w_s)\,, \tag{14}$$

$s = 1, 2, \ldots$, *gilt*.

Bemerkung 4. Die in Satz 4 angegebene Beziehung (14) ist sicher für Differentialoperatoren L_1 der Ordnung kleiner gleich $n - 1$ erfüllt.

Beweis: Der Beweis der Bemerkung 4 folgt sofort aus der Tatsache, daß die Reihe $\sum_{r=1}^{\infty} (u, w_r)\, w_r^{(s)}(x)$ für $0 \leqq s \leqq n - 1$ mit einer beliebigen zulässigen Funktion $u(x)$ gleichmäßig und absolut in $[0, 1]$ konvergent ist (vgl. etwa [5]). Die Ergebnisse von Satz 2 folgen für $u_{kl}(x, \omega)$ aus (12) und für $\lambda_{kl}(\omega)$ dann aus (13). $u_{2l}(x, \omega)$ ergibt sich beispielsweise, wenn man

$$\begin{aligned}(-L_1u_{1l} + \lambda_{1l}u_{1l}, w_r) &= -(u_{1l}, L_1^* w_r) + \lambda_{1l}(u_{1l}, w_r) - D(u_{1l}, w_r)\\ &= \sum_{s\neq l}^{\infty} \frac{b_{ls}(\omega)}{\mu_{sl}} (L_1 w_s, w_r) + \lambda_{1l} \frac{b_{lr}(\omega)}{\mu_{rl}} - \sum_{s\neq l}^{\infty} \frac{b_{ls}(\omega)}{\mu_{sl}} D(w_s, w_r) - D(u_{1l}, w_r)\\ &= \sum_{s\neq l}^{\infty} \frac{b_{lr}(\omega)}{\mu_{sl}} (L_1 w_s, w_r) + \lambda_{1l} \frac{b_{lr}(\omega)}{\mu_{rl}}\end{aligned}$$

in (12) einsetzt.

Für $L_1 u = \sum_{k=0}^{2n} g_k(x, \omega)\, u^{(k)}(x)$ mit $\langle g_k(x, \omega)\rangle = 0$ sei die Beziehung (14) erfüllt. $\tilde{R}_{pq}(x, y)$ bezeichne die Kreuzkorrelationsfunktion zwischen $g_p(x, \omega)$ und $g_q(x, \omega)$:

$$\tilde{R}_{pq}(x, y) = \langle g_p(x, \omega)\, g_q(y, \omega)\rangle\,.$$

Damit ergibt sich

$$\langle b_{ls} b_{sr}\rangle = \langle (L_1 w_l, w_s)\, (L_1 w_s, w_r)\rangle = \sum_{p,q=0}^{2n} \int_0^1\!\!\int_0^1 \tilde{R}_{pq}(x, y)\, w_l^{(p)}(x)\, w_s^{(q)}(y)\, w_s(x)\, w_r(y)\, dx\, dy\,,$$

vertauscht man die Integration über x und y mit dem Erwartungswert. Mit

$$B_{lssr}^{pq} = \int_0^1\!\!\int_0^1 \tilde{R}_{pq}(x, y)\, w_l^{(p)}(x)\, w_s^{(q)}(y)\, w_s(x)\, w_r(y)\, dx\, dy$$

erhält man für den *Erwartungswert der l-ten Eigenfunktion* bis zu Gliedern 2. Ordnung

$$\langle u_l(x, \omega)\rangle = w_l(x) - \sum_{r\neq l}^{\infty} \frac{1}{\mu_{rl}^2} \sum_{p,q=0}^{2n} B_{lllr}^{pq} w_r(x) + \sum_{\substack{r\neq l\\ s\neq l}}^{\infty} \frac{1}{\mu_{rl}\mu_{sl}} \sum_{p,q=0}^{2n} B_{lssr}^{pq} w_r(x) \tag{15}$$

und für den *Erwartungswert des l-ten Eigenwertes*

$$\langle \lambda_l(\omega)\rangle = \mu_l - \sum_{r\neq l}^{\infty} \frac{1}{\mu_{rl}} \sum_{p,q=0}^{2n} B_{lrrl}^{pq}\,. \tag{16}$$

In höhere Näherungen gehen entsprechend auch höhere Momente der Form

$$\tilde{R}_{p_1,\ldots,p_m}(x_1, \ldots, x_m) = \langle g_{p_1}(x_1, \omega) \cdots g_{p_m}(x_m, \omega)\rangle$$

ein. Sind die Koeffizienten des Störoperators L_1 unkorreliert, d. h. $\tilde{R}_{pq}(x, y) = 0$ für $p \neq q$, so gilt

$$\langle u_l(x, \omega)\rangle = w_l(x) - \sum_{r\neq l}^{\infty} \frac{1}{\mu_{rl}^2} \sum_{p=0}^{2n} B_{lllr}^{pp} w_r(x) + \sum_{\substack{r\neq l\\ s\neq l}}^{\infty} \frac{1}{\mu_{rl}\mu_{sl}} \sum_{p=0}^{2n} B_{lssr}^{pp} w_r(x)\,,$$

$$\langle \lambda_l(\omega)\rangle = \mu_l - \sum_{r\neq l}^{\infty} \frac{1}{\mu_{rl}} \sum_{p=0}^{2n} B_{lrrl}^{pp}\,.$$

4. Anwendungen

4.1. Das Eigenwertproblem mit $L(\omega)\, u = -u'' + A(x, \omega)\, u$,

$$-u'' + A(x, \omega)\, u = \lambda u\,, \qquad u(0) = u(1) = 0\,, \tag{17}$$

ist selbstadjungiert. $A(x, \omega)$ sei ein stetiger stochastischer Prozeß mit $\langle A(x, \omega)\rangle = 0$, für den die im weiteren benötigten Momente existieren sollen. Das zum gestellten Eigenwertproblem (17) gehörige gemittelte Problem

$$-w'' = \mu w\,, \qquad w(0) = w(1) = 0\,,$$

besitzt die einfachen Eigenwerte $\mu_k = k^2\pi^2$, $k = 1, 2, \ldots$, und die Eigenfunktionen $w_k(x) = \sqrt{2}\, \sin k\pi x$, die im $L_2(0, 1)$ orthonormiert sind.

Erfüllt der stochastische Prozeß $A(x, \omega)$ fast überall die Beziehung $A(x, \omega) \geqq -\mu_1 = -\pi^2$, so ist das Eigenwertproblem (17) wegen

$$(L(\omega)\, u, u) \geqq \mu_1 \|u\|^2 + (A(x, \omega)\, u, u) > 0 \quad \text{f. ü.}$$

für alle $u \not\equiv 0$ aus $D(L)$ positiv definit. Aus den Sätzen 1 und 2 ergibt sich mit $b_{ij} = \left(A(x, \omega)\, w_i, w_j\right)$ bei Beachtung der Glieder bis einschließlich 2. Ordnung

$$\lambda_l(\omega) = \mu_l + (Aw_l, w_l) - \frac{1}{\pi^2} \sum_{i \neq l}^{\infty} \frac{(Aw_i, w_l)^2}{i^2 - l^2}$$

und

$$u_l(x, \omega) = w_l(x) - \frac{1}{\pi^2} \sum_{i \neq l}^{\infty} \frac{(Aw_i, w_l)}{i^2 - l^2} + \frac{1}{\pi^4} \sum_{i \neq l}^{\infty} \left[\sum_{j \neq l}^{\infty} \frac{(Aw_i, w_j)(Aw_j, w_l)}{(i^2 - l^2)(j^2 - l^2)} - \frac{(Aw_l, w_l)(Aw_i, w_l)}{(i^2 - l^2)^2} \right] w_i(x) .$$

Damit berechnen sich die Erwartungswerte der Eigenwerte und Eigenfunktionen unter Verwendung von $\langle A(x, \omega) \rangle = 0$ als

$$\langle \lambda_l(\omega) \rangle = \mu_l - \frac{1}{\pi^2} \sum_{i \neq l}^{\infty} \frac{B_{ilil}}{i^2 - l^2} \tag{18}$$

und

$$\langle u_l(x, \omega) \rangle = w_l(x) + \frac{1}{\pi^4} \sum_{i \neq l}^{\infty} \frac{1}{i^2 - l^2} \left[\sum_{j \neq l}^{\infty} \frac{B_{ijjl}}{j^2 - l^2} \right] w_i(x) - \frac{1}{\pi^4} \sum_{i \neq l}^{\infty} \frac{B_{llil}}{(i^2 - l^2)^2} w_i(x) \tag{19}$$

mit

$$B_{ijpq} = \int_0^1 \int_0^1 \langle A(x, \omega)\, A(y, \omega) \rangle\, w_i(x)\, w_j(x)\, w_p(y)\, w_q(y)\, dx\, dy .$$

Setzt man für den stochastischen Prozeß $A(x, \omega)$ die Stationarität im weiteren Sinne voraus mit

$$\langle A(x, \omega)\, A(y, \omega) \rangle = \sigma^2 \varrho(x - y) , \qquad \sigma^2 = \langle A(x, \omega)^2 \rangle , \qquad \varrho(0) = 1 ,$$

so erhält man

$$B_{ijpq} = \sigma^2 \int_0^1 \int_0^1 \varrho(x - y)\, w_i(x)\, w_j(x)\, w_p(y)\, w_q(y)\, dx\, dy .$$

Nach der Transformation $t = x + y$, $s = x - y$ in B_{ijjl} erhält man

$$B_{ijjl} = \tilde{B}_{ijl} + \tilde{B}_{lji}$$

mit

$$\tilde{B}_{ijl} = \sigma^2 \int_0^1 \int_s^{-s+2} \varrho(s) \left[\cos (j\pi s) - \cos (j\pi t)\right] \sin \frac{i\pi}{2} (t - s) \sin \frac{l\pi}{2} (t + s)\, dt\, ds .$$

Einige Rechnungen führen dann auf

$$B_{ijjl} = \frac{4\sigma^2}{\pi} \left(1 + (-1)^{i+1}\right) \left(A_{lij} Q_{i+j}\right) + A_{li-j} Q_{i-j} + A_{ilj} Q_{l+j} + A_{il-j} Q_{l-j})$$

mit

$$A_{lij} = \frac{lj(i + j)}{(l^2 - i^2)\left((i + 2j)^2 - l^2\right)}$$

und

$$Q_p = \int_0^1 \varrho(s) \sin (p\pi s)\, ds$$

für $l \neq i$, $2j \neq i + l$, $2j \neq i - l$ und $2j \neq l - i$. Gilt $j = \frac{i + l}{2}$, so ist

$$B_{i\frac{1}{2}(i+l)\frac{1}{2}(i+l)l} = \frac{\sigma^2}{\pi} \left(C_{li} Q_{\frac{1}{2}(l-i)} + D_{li} Q_{\frac{1}{2}(3i+l)} + D_{il} Q_{\frac{1}{2}(3l+i)}\right) + \sigma^2 P_{\frac{1}{2}(l-i)}$$

mit

$$C_{li} = \frac{(l + i)^2}{2li(i - l)}, \qquad D_{li} = \frac{l(3i + l)}{2i(l^2 + i^2)}$$

und

$$P_p = \int_0^1 \varrho(s)\, (1 - s) \cos (p\pi s)\, ds .$$

Schließlich erhalten wir noch

$$B_{i\frac{1}{2}(i-l)\frac{1}{2}(i-l)l} = - B_{i\frac{1}{2}(i-l)\frac{1}{2}(i-l)-l}$$

und

$$B_{i\frac{1}{2}(l-i)\frac{1}{2}(l-i)l} = - B_{-i\frac{1}{2}(l-i)\frac{1}{2}(l-i)l} .$$

Zur Berechnung der Erwartungswerte in (18) und (19) benötigt man noch

$$B_{ilil} = B_{liil} = \frac{\sigma^2}{\pi} \left(E_{li} Q_{l+i} + E_{l-i} Q_{l-i}\right) + \sigma^2 (P_{l+i} + P_{l-i}) \qquad (i \neq l)$$

mit $E_{li} = \dfrac{l^2 + i^2 + li}{li(l + i)}$ und

$$B_{liil} = \begin{cases} \dfrac{4\sigma^2}{\pi}\left(1 + (-1)^{i+l}\right)\left(A_{lil}Q_{i+l}\right) + A_{li-l}Q_{i-l} + A_{ill}Q_{2l}\right) & \text{für } i \neq 3l \\ -\dfrac{\sigma^2}{12\pi l}(Q_{2l} + Q_{4l}) - \dfrac{\sigma^2}{2}P_{2l} & \text{für } i = 3l \end{cases} \qquad (i \neq l).$$

Für die Korrelationsfunktion $\varrho(r) = \mathrm{e}^{-\alpha|r|}$ mit $\alpha > 0$ sollen die Erwartungswerte der Eigenwerte nach (18) ausgewertet werden. Mit

$$Q_p = \frac{p\pi}{\alpha^2 + p^2\pi^2}\left(1 - (-1)^p\,\mathrm{e}^{-\alpha}\right) \quad \text{und} \quad P_p = \frac{\alpha}{\alpha^2 + p^2\pi^2} - \frac{\alpha^2 - p^2\pi^2}{(\alpha^2 + p^2\pi^2)^2}\left(1 - (-1)^p\,\mathrm{e}^{-\alpha}\right)$$

(p ganzzahlig) ergibt sich

$$B_{iiil} = \sigma^2\alpha\left[\frac{1}{\alpha^2 + (l+i)^2\pi^2} + \frac{1}{\alpha^2 + (l-i)^2\pi^2} - 2\alpha\left(1 - (-1)^{l+i}\,\mathrm{e}^{-\alpha}\right)\left(\frac{1}{\alpha^2 + (l+i)^2\pi^2} - \frac{1}{\alpha^2 + (l-i)^2\pi^2}\right)^2\right].$$

Die Abweichung $\tilde{\mu}_l(\alpha)$ des Erwartungswertes des Eigenwertes $\langle\lambda_l\rangle$ vom Eigenwert des gemittelten Problems μ_l, $\tilde{\mu}_l = \langle\lambda_l\rangle(\alpha) - \mu_l$, läßt sich in Abhängigkeit von α aus der Abbildung entnehmen.

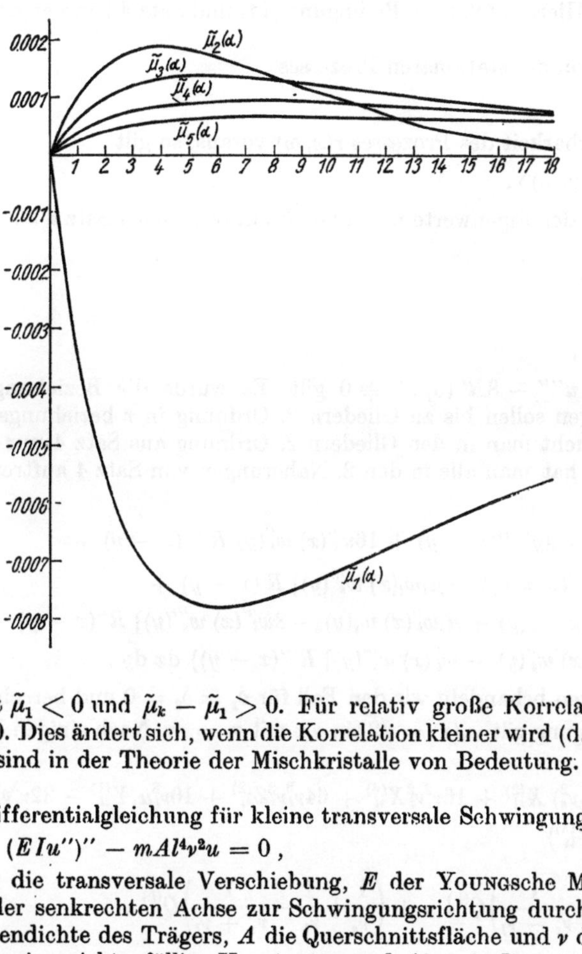

Abb. 1. Die Abweichungen von $\langle\lambda_l\rangle$ und μ_l bei der eindimensionalen Schrödingergleichung, wenn das Potential die Korrelationsfunktion $\exp(-\alpha|r|)$ hat. ($l = 1, \ldots, 5$)

Es ist $\tilde{\mu}_1 < 0$ und $\tilde{\mu}_k - \tilde{\mu}_1 > 0$. Für relativ große Korrelation (d. h. wenn α ziemlich klein ist) gilt z. B. $\tilde{\mu}_3 - \tilde{\mu}_2 < 0$. Dies ändert sich, wenn die Korrelation kleiner wird (d. h. α groß wird); dann gilt $\tilde{\mu}_3 - \tilde{\mu}_2 > 0$. Aussagen dieser Art sind in der Theorie der Mischkristalle von Bedeutung.

4.2. Die Differentialgleichung für kleine transversale Schwingungen elastischer Träger ist

$$(EIu'')'' - mAl^4\nu^2 u = 0\,,$$

wobei $u(x)$ die transversale Verschiebung, E der YOUNGsche Modul, I das Trägheitsmoment des Querschnitte bezüglich der senkrechten Achse zur Schwingungsrichtung durch den Mittelpunkt des Querschnittes des Trägers, m die Massendichte des Trägers, A die Querschnittsfläche und ν die Frequenz der transversalen Schwingungen ist. E, m und l seien nichtzufällige Konstanten und $A(x, \omega)$, $I(x, \omega)$ stochastische Prozesse. Ändert sich nur die Größe des Querschnittes und nicht die Form zufällig, so kann man

$$A(x, \omega) = k_1\tilde{r}^2(x, \omega) \quad \text{und} \quad I(x, \omega) = k_2\tilde{r}^4(x, \omega)$$

setzen, wenn $\tilde{r}(x, \omega)$ ein charakteristisches Maß des Querschnittes bezeichnet. Nimmt man $\tilde{r}(x, \omega)$ als stationär im weiteren Sinne an und setzt $\tilde{r}(x, \omega) = r_0\left(1 + r(x, \omega)\right)$ mit dem stationären Zufallsprozeß $r(x, \omega)$, der den Erwartungswert Null für alle x hat, so folgt aus der Differentialgleichung für transversale Schwingungen

$$\left((1 + r(x, \omega))^4\, u''(x)\right)'' - \lambda\left(1 + r(x, \omega)\right)^2 u(x) = 0 \tag{20}$$

mit $\lambda = (k_1 m l^4 \nu^2)\,(k_2 E r_0^2)^{-1}$ an (vgl. auch [3]). $r(x, \omega)$ nehme nur kleine Werte an und o. B. d. A. sei $l = 1$. Als Randbedingungen setzen wir

$$\begin{aligned} u(0) &= 0\,, & u''(0) - \delta_1 u'(0) &= 0\,, \\ u(1) &= 0\,, & u''(1) + \delta_2 u'(1) &= 0\,. \end{aligned} \tag{21}$$

Für $\delta_1, \delta_2 \to \infty$ erhält man den Fall des fest eingespannten Balkens, und für $\delta_1, \delta_2 \to 0$ den Fall des gelenkig gelagerten Balkens.

Die Differentialgleichung (20) läßt sich als $L_0 u + L_1 u = \lambda u$ mit dem symmetrischen, positiv definiten Operator

$$L_0 u = u''''$$

und dem Störoperator

$$L_1 u = L_{11} u + L_{12} u$$

mit

$$L_{11} u = 2ru'''' + 8r'u''' + 4r''u'' ,$$
$$L_{12} u = r^2 u'''' + 8r'ru''' + (12r'^2 + 4rr'')\, u''$$

schreiben. Für L_1 gilt für alle zulässigen Funktionen u, v bezüglich L_0

$$(L_1 u, v) = (u, L_1^* v) + D(u, v) \quad \text{mit} \quad D(u, v) = -4r'(1 + r)\, u'v'|_0^1 .$$

Das ungestörte Eigenwertproblem $L_0 w = \mu w$ mit den Randbedingungen (21) habe die Eigenfunktionen $w_k(x)$ und die einfachen Eigenwerte μ_k und jede zulässige Funktion bezüglich L_0 ist in eine gleichmäßig konvergente Reihe nach den Eigenfunktionen $w_k(x)$ entwickelbar,

$$u(x) = \sum_{k=1}^{\infty} (u, w_k)\, w_k(x) ,$$

die einmal gliedweise differenziert werden kann. Hieraus folgt die Bedingung (14) und Satz 4 kann angewendet werden.

$R(x - y)$ bezeichne die Korrelationsfunktion des stationären Prozesses

$$r(x, \omega) \colon R(x - y) = \langle r(x, \omega)\, r(y, \omega) \rangle .$$

Setzt man eine genügend hohe Differenzierbarkeit des Prozesses $r(x, \omega)$ voraus, so gilt

$$(-1)^q\, R^{(p+q)}(x - y) = \langle r^{(p)}(x, \omega)\, r^{(q)}(y, \omega) \rangle .$$

Damit berechnet man zunächst die 1. Näherung der Eigenwerte und Eigenfunktionen nach Satz 4 als

$$\langle u_{1l}(x, \omega) \rangle = 8R''(0) \sum_{r \neq l}^{\infty} \frac{(w_l'', w_r)}{\mu_{rl}}\, w_r(x)$$

und

$$\langle \lambda_{1l}(\omega) \rangle = R(0)\, \mu_l - 8R''(0)\, (w_l'', w_l) ,$$

mit $\mu_{rl} = \mu_r - \mu_l$, da $\langle L_1 \rangle u = \langle L_{12} \rangle u = R(0)\, u'''' - 8R''(0)\, u'' \not\equiv 0$ gilt. Es wurde die Beziehung $R'(0) = 0$ wegen $R(z) = R(-z)$ beachtet. Die Berechnungen sollen bis zu Gliedern 2. Ordnung in r beziehungsweise deren Ableitungen durchgeführt werden. Deshalb braucht man in den Gliedern 2. Ordnung aus Satz 4 nur L_{11} statt L_1 zu setzen. Mit $\langle b_{ls} b_{sr} \rangle = \langle (L_{11} w_l, w_s)\, (L_{11} w_s, w_r) \rangle$ hat man alle in den 2. Näherungen von Satz 4 auftretenden Größen. Es ergibt sich

$$\begin{aligned}\langle b_{ls} b_{sr} \rangle = \int_0^1 \int_0^1 w_s(x)\, w_r(y)\, \{ & 4\mu_l \mu_s\, w_l(x)\, w_s(y)\, R(x - y) + 16 w_l''(x)\, w_s''(y)\, R''''(x - y) + \\ & + 16\, [\mu_s w_l'''(x)\, w_s(y) - \mu_l w_l(x)\, w_s'''(y)]\, R'(x - y) + \\ & + 8\, [\mu_l w_l(x)\, w_s''(y) + \mu_s w_l''(x)\, w_s(y) - 8 w_l'''(x)\, w_s'''(y)]\, R''(x - y) + \\ & + 32\, [w_l'''(x)\, w_s''(y) - w_l''(x)\, w_s'''(y)]\, R'''(x - y)\}\, dx\, dy .\end{aligned}$$

Zur Vereinfachung der weiteren Rechnungen behandeln wir den Fall für $\delta_1 = \delta_2 = 0$ und berechnen nur die Näherungen der Eigenwerte. Unter dieser Bedingung gilt $w_r(x) = \sqrt{2} \sin \nu_r x$ mit $\nu_r = r\pi$. Nach einigen Rechnungen ergibt sich jetzt

$$\begin{aligned}\langle b_{ls} b_{sl} \rangle = \sigma^2\, \{ & 4\mu_l \mu_s X_{sl} - 8\, (\mu_s \nu_l^2 + \mu_l \nu_s^2)\, X_{sl}^{(2)} + 16 \nu_s^2 \nu_l^2 X_{sl}^{(4)} + 64 \nu_l^3 \nu_s^3 Z_{sl}^{(2)} + 16 \nu_l^3 \mu_s Y_{sl}^{(1)} - 32 \nu_l^3 \nu_s^2 Y_{sl}^{(3)} + \\ & + 16 \mu_l \nu_s^3 Y_{ls}^{(1)} - 32 \nu_l^2 \nu_s^3 Y_{ls}^{(3)}\}\end{aligned} \tag{22}$$

mit

$$X_{sl}^{(k)} = P_{2,s-l}^{(k)} + P_{2,s+l}^{(k)} - \left(\frac{1}{\nu_l} - \frac{1}{\nu_s} + \frac{1}{\nu_s - \nu_l}\right) Q_{1,s-l}^{(k)} + \left(\frac{1}{\nu_s} + \frac{1}{\nu_l} - \frac{1}{\nu_s + \nu_l}\right) Q_{1,l+s}^{(k)} ,$$

$$Y_{sl}^{(k)} = -P_{1,s-l}^{(k)} + P_{1,l+s}^{(k)} + \frac{1}{\nu_s} (Q_{2,s-l}^{(k)} - Q_{2,s+l}^{(k)}) ,$$

$$Z_{sl}^{(k)} = P_{2,s-l}^{(k)} - P_{2,s+l}^{(k)} + \frac{1}{\nu_s - \nu_l} Q_{1,s-l}^{(k)} - \frac{1}{\nu_s + \nu_l} Q_{1,s+l}^{(k)} .$$

Dabei wurde zur Abkürzung

$$Q_{1,p}^{(k)} = \int_0^1 \varrho^{(k)}(t) \sin (p\pi t)\, dt , \qquad P_{1,p}^{(k)} = \int_0^1 \varrho^{(k)}(t)\, (1 - t) \sin (p\pi t)\, dt ,$$

$$Q_{2,p}^{(k)} = \int_0^1 \varrho^{(k)}(t) \cos (p\pi t)\, dt , \qquad P_{2,p}^{(k)} = \int_0^1 \varrho^{(k)}(t)\, (1 - t) \cos (p\pi t)\, dt$$

mit $R(t) = \sigma^2 \varrho(t)$ gesetzt.

Als konkrete Korrelationsfunktion soll $R(t) = \sigma^2 e^{-\alpha|t|}$ mit $\alpha > 0$ verwendet werden. Dann ergibt sich aus (22) unter Beachtung von

$$Q^{(k)}_{\cdot,p} = (-\alpha)^k Q_{\cdot,p}, \qquad P^{(k)}_{\cdot,p} = (-\alpha)^k P_{\cdot,p}, \qquad Q_{2,p} = \frac{\alpha}{p\pi} Q_{1,p}, \qquad P_{2,p} = \frac{1}{p\pi}(\alpha P_{1,p} + Q_{1,p})$$

und

$$Q_{1,p} = \frac{p\pi}{\alpha^2 + (p\pi)^2}(1 - (-1)^p e^{-\alpha}),$$

$$P_{1,p} = \frac{p\pi}{\alpha^2 + (p\pi)^2} - \frac{2\alpha p\pi}{(\alpha^2 + (p\pi)^2)^2}(1 - (-1)^p e^{-\alpha}),$$

woraus

$$X_{sl} = \alpha[A_{sl} - 2\alpha(1 - (-1)^{s+l} e^{-\alpha}) C_{sl}^2],$$
$$Y_{sl} = \pi(lA_{sl} - sC_{sl}) + 2\alpha\pi C_{sl}(1 - (-1)^{s+l} e^{-\alpha})(sA_{sl} - lC_{sl}),$$
$$Z_{sl} = C_{sl}[\alpha + 2(1 - (-1)^{s+l} e^{-\alpha})(1 - \alpha^2 A_{sl})]$$

mit

$$A_{sl} = \frac{1}{\alpha^2 + (s-l)^2\pi^2} + \frac{1}{\alpha^2 + (s+l)^2\pi^2}, \qquad C_{sl} = \frac{1}{\alpha^2 + (s-l)^2\pi^2} - \frac{1}{\alpha^2 + (s+l)^2\pi^2}$$

für $s \neq l$ folgt, zunächst

$$\langle b_{ls} b_{sl}\rangle = \sigma^2 \{[4\mu_l\mu_s - 8(\mu_s\nu_l^2 + \mu_l\nu_s^2)\alpha^2 + 16\nu_s^2\nu_l^2\alpha^4] X_{sl} + 64\nu_l^3\nu_s^3\alpha^2 Z_{sl} -$$
$$- [16\nu_l^3\mu_s - 32\nu_l^3\nu_s^2\alpha^3] Y_{sl} - [16\mu_l\nu_s^3\alpha - 32\nu_l^2\nu_s^3\alpha^3] Y_{ls}\}.$$

Schließlich erhält man für das Eigenwertproblem (20), (21) im Falle des gelenkig gelagerten Balkens in 2. Ordnung

$$\langle\lambda_l(\omega)\rangle = \mu_l + \sigma^2 \Big\{ l^2\pi^2(l^2\pi^2 + 8\alpha^2) - 4l^2 \sum_{s\neq l}^{\infty} \frac{s^2}{s^4 - l^4}[l^2 s^2\pi^4 - 2\pi^2(s^2 + l^2)\alpha^2 + 4\alpha^4] X_{sl} +$$
$$+ 16l^3\alpha\pi \sum_{s\neq l}^{\infty} \frac{s^2}{s^4 - l^4}[s^2\pi^2 - 2\alpha^2] Y_{sl} + 16l^2\alpha\pi(l^2\pi^2 - 2\alpha^2) \sum_{s\neq l}^{\infty} \frac{s^3}{s^4 - l^4} Y_{ls} -$$
$$- 64l^3\pi^2\alpha^2 \sum_{s\neq l}^{\infty} \frac{s^3}{s^4 - l^4} Z_{sl} \Big\}$$

mit $\langle r(x, \omega)\, r(y, \omega)\rangle = \sigma^2 e^{-\alpha|x-y|}$ $(\alpha > 0)$.

Diese Resultate sind Erweiterungen der Ergebnisse von W. E. Boyce und B. E. Goodwin, die sie in bezug auf Entwicklungsmethoden in [3] erzielten, denn diese Arbeit enthält für den Erwartungswert der Eigenwerte nur $\langle\lambda\rangle \approx \mu$.

Literatur

1 Bharucha-Reid, A. T., Random Integral Equations, Academic Press, New York and London 1972.
2 Boyce, W. E., Random vibrations of elastic strings and bars, Proc. U.S. Nat. Congr. Appl. Mech., 4th, Berkeley, 1962, pp. 77–85, Amer. Soc. Mech. Eng., New York 1962.
3 Boyce, W. E.; Goodwin, B. E., Random transverse vibrations of elastic beams, SIAM J. 12, 613–629 (1964).
4 Boyce, W. E., Random eigenvalue problems, In: Probabilistic methods in Applied Mathematics, Academic Press, New York-London 1968, pp. 1–75.
5 Collatz, L., Eigenwertaufgaben mit technischen Anwendungen, Akad. Verlagsgesellschaft, Geest & Portig, Leipzig 1963.
6 Goodwin, B. E.; Boyce, W. E., Vibrations of random elastic strings: method of integral equations, Quart. Appl. Math. 22, 261–266 (1964).
7 Madelung, E., Die mathematischen Hilfsmittel des Physikers, Springer-Verlag, Berlin-Göttingen-Heidelberg 1953.
8 Michlin, S. G., Numerische Realisierung von Variationsmethoden, Akademie-Verlag, Berlin 1969 (Übersetzung aus dem Russischen).
9 Michlin, S. G., Variationsmethoden der mathematischen Physik, Akademie-Verlag, Berlin 1962 (Übersetzung aus dem Russischen).
10 Purkert, W.; vom Scheidt, J., Zum Mittelungsproblem bei stochastischen Eigenwertaufgaben, Beiträge zur Analysis, DVW Berlin 10 (1977)
11 Purkert, W.; vom Scheidt, J., Eine Störungsrechnung für die Eigenwerte zufälliger Matrizen, Erscheint in: Beiträge zur Analysis, DVW Berlin.

Eingereicht am 5. 5. 1976

Anschrift: Dr. W. Purkert, Dr. J. vom Scheidt, Karl-Marx-Universität, Sektion Mathematik, Karl-Marx-Platz, DDR 701 Leipzig

ZAMM 57, 527 – 541 (1977)

W. Splettstösser / H. J. Wagner

Eine dyadische Infinitesimalrechnung für Haar-Funktionen

Die bekanntesten Orthogonalsysteme, die aus Stufenfunktionen bestehen, sind das Walsh- und das Haar-System. Diese sind eng miteinander verwandt, lassen sich leicht über die binäre Darstellung reeller Zahlen definieren und mit wenigen logischen Schaltelementen technisch realisieren. Es wird daher eine dyadische Infinitesimalrechnung aufgebaut, die genau dem Haar-System angepaßt ist im Gegensatz zur Leibniz-Newtonschen Infinitesimalrechnung. Dies erlaubt unter anderem neue Fehlerabschätzungen bei Fourier-Haar-Reihen und bei der Approximation durch Haar-Polynome. Ferner wird die hier angewandte Haarsche Infinitesimalrechnung mit dem Walsh-Kalkül verglichen.

The best known orthogonal systems that consist of step functions are the Walsh and Haar systems. These are closely connected one to another and can easily be defined via the binary representation of real numbers, and so they can easily be generated by a few logic elements. Therefore, a dyadic differential and integral calculus is built up which is precisely adapted to this system in contrast with the Leibniz-Newton calculus. This allows e.g. new error estimates for Fourier-Haar series as well as for the approximation by Haar polynomials. The resulting dyadic Haar calculus is also compared with the Walsh calculus.

Наиболее известными ортогональными системами, состоящими из ступенчатых функций, являются системы Волша и Хаара. Эти системы очень сходны между собой, их можно легко определить с помощью бинарного представления вещественных чисел и, кроме того, их можно технически реализовать, используя небольшое число логических элементов. Исходя из этого строится некоторое диадное инфинитезимальное исчисление, которое в точности согласуется с системой Хаара в отличие от инфинитезимального исчисления Лейбница-Ньютона. Это обстоятельство позволяет, в частности, получить новые оценки погрешностей для случая рядов Фурье-Хаара, а также при аппроксимации с помощью полиномов Хаара. Далее сравниваемся используемое здесь инфинитезимальное исчисление Хаара с исчислением Волша.

1. Einleitung

Ausgangspunkt für die folgenden Untersuchungen ist das System der Haar-Funktionen bzw. der Walsh-Funktionen. Letztere sind binärwertige (periodische) Funktionen, welche auf dem Intervall [0,1) bzw. auf der dyadischen Gruppe (Menge aller Binärentwicklungen mit der gliedweisen Addition modulo 2 als Operation) ein orthonormales System bilden. Als Boolesche Funktionen und wegen ihres Blockimpulscharakters sind diese Walsh-Funktionen kompatibel mit den Operationen digitaler Computer und Processors (siehe [1]). Dies ist auch der Grund, warum das Walsh-System in vielen modernen Wissenschaften in zunehmendem Maße an Bedeutung gewinnt. Anwendungen der Walsh-Funktionen in der Hardware findet man z. B. in [2, 3, 4] und in der dort zitierten Literatur.

In einer Reihe von Arbeiten von P. L. Butzer und H. J. Wagner [5, 6, 7] wurde ausgehend vom Walsh-System ein dyadischer (binärer) Infinitesimalkalkül aufgebaut, der auf Funktionen mit dem Intervall [0,1) bzw. der dyadischen Gruppe G als Definitionsbereich und den reellen Zahlen R als Wertebereich anwendbar ist. Für Funktionen $f\colon \mathsf{G} \to \mathsf{G}$ ist der Aufbau eines solchen Kalküls noch nicht abgeschlossen, obwohl gerade dieser, wie J. E. Gibbs [8, 9] vermutet, weitreichende Konsequenzen in der Informatik und verwandten Gebieten haben dürfte. Eines der Hauptziele ist es nun, die Bedeutung dieser Differentiation und Integration in den Gebieten zu untersuchen, in denen Funktionen $f\colon \mathsf{G} \to \mathsf{R}$ oder $f\colon \mathsf{G} \to \mathsf{G}$ auftreten, z. B. bei Schaltfunktionen digitaler Computer oder bei ihren Ein- und Ausgabegeräten.

Um einer Interpretation der dyadischen Differentiation und Integration näherzukommen, wird im folgenden ein neuer, dem Walsh-Kalkül sehr ähnlicher Infinitesimalkalkül aufgebaut, der auf dem System der Haar-Funktionen beruht. Dieses System besteht aus ternärwertigen Stufenfunktionen und ist eng verwandt mit dem Walsh-System, also mit der Binärentwicklung von Zahlen. Im Abschnitt 2 geben wir die Definition der Haar-Funktionen an und erläutern ihren Zusammenhang mit der dyadischen Entwicklung. In den Abschnitten 4 und 5 führen wir dann die Begriffe der Haarschen Ableitung $D^{[1]}$ und ihrer Umkehroperation $I_{[1]}$ ein und diskutieren ihre grundlegenden Eigenschaften. Anschließend zeigen wir, welche Rolle diese Begriffe z. B. in der Theorie der Haar-Reihen und bei der besten Approximation durch Haar-Polynome spielen. Zum Schluß werden in einem Vergleich der dyadische und der Haarsche Infinitesimalkalkül gegenübergestellt.

2. Definition der Haar-Funktionen und Hilfsmittel

Es bezeichne R die Menge der reellen Zahlen, weiter seien $\mathsf{Z} = \{0, \pm 1, \pm 2, \ldots\}$, $\mathsf{N} = \{1, 2, 3, \ldots\}$ und $\mathsf{P} = \mathsf{N} \cup \{0\}$. Im folgenden werden wir nur Funktionen aus den Räumen $L^p(0, 1)$ für $1 \leq p < \infty$ betrachten, d. h. Funktionen, die zur p-ten Potenz absolut Lebesgue-integrierbar sind und die Periode 1 besitzen. Der Raum $L^p(0, 1)$ wird wie üblich mit der Norm

$$\|f\|_p = \|f(\cdot)\|_p = \left\{\int_0^1 |f(x)|^p \, dx\right\}^{1/p}$$

versehen.

Im Mittelpunkt dieser Arbeit steht das von A. Haar [10] in seiner Dissertation 1909 eingeführte orthonormale System $\{\chi_m(x)\}_{m\in \mathsf{P}}$, das auf $[0, 1)$ wie folgt definiert ist:

$$\chi_0(x) = 1\,,$$
$$\chi_{2^n+j}(x) = \begin{cases} \sqrt{2^n}, & x \in \left[\dfrac{2j}{2^{n+1}}, \dfrac{2j+1}{2^{n+1}}\right) \\ -\sqrt{2^n}, & x \in \left[\dfrac{2j+1}{2^{n+1}}, \dfrac{2j+2}{2^{n+1}}\right) \\ 0, & \text{sonst auf } [0, 1) \end{cases} \qquad (n, j \in \mathsf{P}, 0 \leqq j < 2^n), \tag{2.1}$$

und auf ganz R durch Fortsetzung mit der Periode 1[1]).

Für eine integrierbare Funktion heißen die reellen Zahlen

$$f^\wedge(k) = \int_0^1 f(x)\, \chi_k(x)\, dx \qquad (k \in \mathsf{P})$$

Haar-*Koeffizienten* und

$$\sum_{k=0}^{\infty} f^\wedge(k)\, \chi_k(x)$$

Haar-*Reihe von* f; deren m-*te Teilsumme* bezeichnen wir mit

$$s_m(f; x) = \sum_{k=0}^{m-1} f^\wedge(k)\, \chi_k(x) \qquad (m \in \mathsf{N})\,. \tag{2.2}$$

Definiert man für $f \in L^p(0, 1)$ und $\delta > 0$ den *Glattheitsmodul* von f durch

$$\omega^{(p)}(f; \delta) = \sup_{|h|<\delta} \|f(\cdot) - f(\cdot + h)\|_p\,, \tag{2.3}$$

so gilt nach P. L. Ul'janov [11]

$$\|f - s_m(f)\|_p \leqq 24\omega^{(p)}\left(f; \frac{1}{m}\right). \tag{2.4}$$

Die Konstante in dieser Ungleichung kann zu 1 verbessert werden, falls m nur die Zahlen 2^n, $n \in \mathsf{N}$, durchläuft. Da bekanntlich für jedes $f \in L^p(0, 1)$ der Glattheitsmodul $\omega^{(p)}(f; 1/m)$ gegen Null strebt für $m \to \infty$, erhält man mit (2.4) direkt den

Eindeutigkeitssatz:

Ist $f^\wedge(k) = 0$ *für alle* $k \in \mathsf{P}$, *so gilt* $f(x) = 0$ *für fast alle* x. (2.5)

Dieser Satz sowie die folgende Abschätzung der Haar-Koeffizienten,

$$|f^\wedge(k)| \leqq \|f\|_p \qquad (k \in \mathsf{P}, f \in L^p(0,1)), \tag{2.6}$$

sind zwei der wichtigsten Beweismittel für den Aufbau des Haarschen Infinitesimalkalküls.

Wie schon in der Einleitung erwähnt, werden wir jetzt auf den Zusammenhang zwischen den Haar-Funktionen und der dyadischen (binären) Darstellung von Zahlen eingehen. Bekanntlich gibt es für jedes $x \in [0, 1)$ mit $x \neq p/2^q$, $p \in \mathsf{N}$, $q \in \mathsf{N}$, eine eindeutige Entwicklung

$$x = \sum_{s=1}^{\infty} x_s 2^{-s} \qquad (x_s \in \{0, 1\})\,,$$

die sogenannte *dyadische Darstellung* von x. Für $x = p/2^q$, $p \in \mathsf{N}$, $q \in \mathsf{N}$, existieren zwei Darstellungen, von denen wir jeweils die endliche wählen werden, d. h. diejenige, für die $x_s = 0$ gilt für alle $s \geqq s_0$. Ebenso gibt es auch für jedes $k \in \mathsf{P}$ eine eindeutige dyadische Darstellung:

$$k = \sum_{s=0}^{\infty} k_s 2^s \qquad (k_s \in \{0, 1\})\,.$$

Damit werden wir nun zeigen

Lemma 2.1: *Es gilt*

$$\chi_0(x) = 1\,, \qquad \chi_{2^n+j}(x) = \sqrt{2^n}(-1)^{x_{n+1}} \prod_{s=1}^{n} (1 - |x_s - j_{n-s}|) \qquad (n, j \in \mathsf{P}\,, 0 \leqq j < 2^n)\,, \tag{2.7}$$

wobei $j = \sum_{s=0}^{n-1} j_s 2^s$ *und* $x = \sum_{s=1}^{\infty} x_s 2^{-s}$ *ist.*

---

[1]) A. Haar [10] hat die Funktionen $\chi_m(x)$ in den Unstetigkeitsstellen anders definiert, nämlich durch $\chi_m(0) = \chi_m(0+)$, $\chi_m(1) = \chi_m(1-)$ und in den restlichen Sprungstellen x_0 durch $\chi_m(x_0) = 1/2[\chi_m(x_0+) + \chi_m(x_0-)]$. Unsere Abweichung von dieser Definition spielt im folgenden jedoch keine Rolle, da wir ausschließlich die Räume $L^p(0, 1)$, $1 \leqq p < \infty$, betrachten.

Beweis:

(i) Sei $x \in [0, 2^{-n})$, dann gilt

$$x < \sum_{s=0}^{n-1} j_s 2^{s-n} = \sum_{s=1}^{n} j_{n-s} 2^{-s} .$$

Also existiert ein $s \in \{1, \dots, n\}$ mit $j_{n-s} \neq x_s$, womit man für die rechte Seite von (2.7) den Wert 0 erhält.

(ii) Sei $x \in [(j+1)\, 2^{-n}, 1)$, dann folgt

$$x \geqq \sum_{s=1}^{n} j_{n-s} 2^{-s} + 2^{-n} ,$$

also ist

$$\sum_{s=1}^{n} (x_s - j_{n-s})\, 2^{-s} \geqq 2^{-n} - \sum_{s=n+1}^{\infty} x_s 2^{-s} > 0 .$$

Daraus folgt die Existenz eines $s \in \{1, \dots, n\}$ mit $x_s - j_{n-s} = 1$, womit die rechte Seite von (2.7) den Wert 0 annimmt.

(iii) Sei $x \in [j2^{-n}, (2j+1)\, 2^{-n-1})$, dann ist $x = j/2^n + y$ mit $y < 2^{-n-1}$, also hat x die eindeutige dyadische Darstellung

$$x = \sum_{s=1}^{n} j_{n-s} 2^{-s} + \sum_{s=n+2}^{\infty} x_s 2^{-s} .$$

Weil somit $x_s = j_{n-s}$ für alle $s \in \{1, \dots, n\}$ und $x_{n+1} = 0$ ist, hat die rechte Seite von (2.7) den Wert $\sqrt{2^n}$.

(iv) Für $x \in [(2j+1)\, 2^{-n-1}, (j+1)\, 2^{-n})$ erhält man analog zu (iii) die Darstellung

$$x = \sum_{s=1}^{n} j_{n-s} 2^{-s} + 2^{-(n+1)} + \sum_{s=n+2}^{\infty} x_s 2^{-s} .$$

Also gilt $x_s = j_{n-s}$ für alle $s \in \{1, \dots, n\}$ und $x_{n+1} = 1$. Damit ist die rechte Seite von (2.7) gleich $-\sqrt{2^n}$.
Der Vergleich von (i) bis (iv) mit (2.1) zeigt die Richtigkeit der Behauptung.

In Abschnitt 5 benötigen wir insbesondere die Darstellung von $\chi_{2^n}(x)$, $n \in \mathsf{P}$; dazu setzen wir in (2.7) $j = 0$ und erhalten

$$\chi_{2^n}(x) = \sqrt{2^n} (-1)^{x_{n+1}} \prod_{s=1}^{n} (1 - x_s) \qquad (n \in \mathsf{P}) . \tag{2.8}$$

Als weitere Hilfsmittel benötigen wir in Abschnitt 5 die Begriffe dyadische Addition und dyadische Faltung. Die *dyadische Addition* ist für $x, y \in [0, 1)$ definiert durch

$$x \oplus y = \sum_{s=1}^{\infty} |x_s - y_s|\, 2^{-s}$$

und für $x, y \in \mathsf{R}$ durch $x \oplus y = (x - [x]) \oplus (y - [y])$, wobei $[x]$ die größte ganze Zahl $\leqq x$ bedeutet.

Bezüglich der Operation ‚$\oplus$' ist das Lebesgue-Integral invariant, d. h. für jedes $x \in \mathsf{R}$ und jede integrierbare Funktion f gilt

$$\int_0^1 f(x \oplus u)\, du = \int_0^1 f(u)\, du . \tag{2.9}$$

Die *dyadische Faltung* von $f \in L^p(0, 1)$ und $g \in L^1(0, 1)$ ist definiert durch

$$(f * g)\, (x) = \int_0^1 f(u)\, g(x \oplus u)\, du . \tag{2.10}$$

Diese Faltungsoperation ist kommutativ, $f * g$ gehört zu $L^p(0, 1)$, und es gilt

$$\|f * g\|_p \leqq \|f\|_p \|g\|_1 . \tag{2.11}$$

Es sei noch hinzugefügt, daß sich die Teilsummen der Haar-Reihen der Ordnung 2^n in sehr einfacher Form als dyadische Faltung darstellen lassen:

$$s_{2^n}(f; x) = (f * D_{2^n})\, (x) \tag{2.12}$$

mit

$$D_{2^n}(x) = \begin{cases} 2^n , & x \in [0, 2^{-n}) \\ 0 , & x \in [2^{-n}, 1) . \end{cases}$$

Ausführlicher werden die dyadische Faltung sowie die topologischen Grundlagen in [12], [13] behandelt.

3. Translation bezüglich des Haar-Systems

Bei der klassischen Ableitung $f'(x) = \lim_{h \to 0} h^{-1}(f(x+h) - f(x))$ spielt die *Verschiebung* $f(x + h)$ eine wesentliche Rolle. Sind

$$f_F^{\wedge}(k) = \int_0^1 f(x)\, e^{-i2\pi kx}\, dx \qquad (k \in \mathsf{Z})$$

die FOURIER-Koeffizienten von $f \in L^p(0, 1)$, so gilt für die Verschiebung

$$[f(\cdot + h)]^\wedge_F(k) = e^{i2\pi kh} f^\wedge_F(k) \qquad (k \in \mathsf{Z})\,. \tag{3.1}$$

Bei der HAAR-Ableitung im folgenden Abschnitt benötigen wir allerdings eine Verschiebung $f_h(x)$, die dem HAAR-System angepaßt ist. In Anlehnung an (3.1) führen wir diese wie folgt ein:

Definition 3.1: Für $f \in L^p(0, 1)$, $1 \leqq p < \infty$, ist die HAAR-*Verschiebung* $f_h(x)$ gegeben durch

$$\begin{aligned} f_h^\wedge(0) &= 0\,, \\ f_h^\wedge(2^n + j) &= \frac{1}{\sqrt{2^n}} \chi_{2^n}(h)\, f^\wedge(2^n + j) \qquad (n, j \in \mathsf{P}, 0 \leqq j < 2^n)\,. \end{aligned} \tag{3.2}$$

Durch (3.2) ist $f_h(x)$ nur im transformierten Raum definiert. Beachtet man jedoch, daß für $h \in [2^{-m-1}, 2^{-m})$ gilt

$$\chi_{2^n}(h) = \begin{cases} \sqrt{2^n}\,, & n < m \\ -\sqrt{2^n}\,, & n = m \\ 0\,, & n > m \end{cases} \tag{3.3}$$

und damit die HAAR-Koeffizienten von f_h die folgende Gestalt haben:

$$f_h^\wedge(2^n + j) = \begin{cases} f^\wedge(2^n + j)\,, & n < m \\ -f^\wedge(2^n + j)\,, & n = m \\ 0\,, & n > m\,, \end{cases}$$

so ergibt sich mit (2.2) für f_h im Originalraum die Darstellung

$$f_h(x) = 2s_{2^m}(f; x) - s_{2^{m+1}}(f; x) \qquad (x \in \mathsf{R}, h \in [2^{-m-1}, 2^{-m}))\,. \tag{3.4}$$

Hieraus können wir nun zwei grundlegende Eigenschaften der HAAR-Verschiebung folgern.

Lemma 3.2: *Für* $h \in [0, 1)$ *und* $f \in L^p(0, 1)$, $1 \leqq p < \infty$, *gilt:*

a) $f_h \in L^p(0, 1)$ *und* $\|f_h\|_p \leqq \|f\|_p$;

b) $\lim\limits_{h \to 0+} \|f - f_h\|_p = 0$.

Beweis:

a) Wegen (2.12) gilt für $h \in [2^{-m-1}, 2^{-m})$

$$f_h(x) = 2s_{2^m}(f; x) - s_{2^{m+1}}(f; x) = 2^{m+1} \int\limits_{2^{-m-1}}^{2^{-m}} f(x \oplus u)\, du\,.$$

Mit der HÖLDER-MINKOWSKI-Ungleichung und (2.9) erhält man daraus

$$\|f_h\|_p \leqq 2^{m+1} \int\limits_{2^{-m-1}}^{2^{-m}} \|f(\cdot \oplus u)\|_p\, du = \|f\|_p\,.$$

b) für $h \in [2^{-m-1}, 2^{-m})$ gilt

$$\|f - f_h\|_p = \|f - 2s_{2^m}(f) + s_{2^{m+1}}(f)\|_p \leqq 2\|f - s_{2^m}(f)\|_p + \|f - s_{2^{m+1}}(f)\|_p\,.$$

Da die rechte Seite nach (2.4) gegen Null strebt für $m \to \infty$, d. h. für $h \to 0+$, ist b) bewiesen.

Abschließend zeigen wir, daß eine genügend kleine HAAR-Verschiebung ein HAAR-Polynom nicht verändert. Dabei heißt

$$p_m(x) = \sum_{k=0}^{m-1} a_k \chi_k(x) \qquad (a_k \in \mathsf{R}, a_{m-1} \neq 0)$$

ein HAAR-*Polynom vom Grade m* und $\mathcal{P}_m$ bezeichne die Menge aller HAAR-Polynome vom Grade $\leqq m$.

Lemma 3.3: *Für jedes* $p_m \in \mathcal{P}_{2^n}$, $n \in \mathsf{P}$, *und* $h \in [0, 2^{-n})$ *gilt*

$$p_m(x) = [p_m]_h(x)\,.$$

Beweis: Sei $h \in [0, 2^{-n})$, dann folgt mit (3.4)

$$\chi_{2^k+j}(x) = [\chi_{2^k+j}]_h(x) \tag{3.5}$$

für alle $k < n$ und $0 \leqq j < 2^k$. Das Polynom $p_m(x)$ ist eine Linearkombination von HAAR-Funktionen, deren Grad echt kleiner als 2^n ist. Mit (3.5) folgt dann die Behauptung.

4. Ableitungsbegriff für HAAR-Funktionen

Mit dem Begriff der HAAR-Verschiebung können wir nun eine dem HAAR-System angepaßte Ableitung einführen. Zum Aufbau dieses Ableitungsbegriffes wollen wir uns an einer Verbindung zwischen der klassischen Ableitung und dem System der trigonometrischen Funktionen orientieren. Differenziert man die Funktionen e^{inx}, $n \in \mathsf{Z}$, so erhält man als r-te Ableitung $(in)^r e^{inx}$. Sind weiter $f^\wedge_F(n) = \frac{1}{2\pi} \int_{-\pi}^{\pi} f(x)\, e^{inx}\, dx$, $n \in \mathsf{Z}$, die FOURIER-Koeffizienten von f, so gilt für die Koeffizienten der r-ten Ableitung $[f^{(r)}]_F^\wedge(n) = (in)^r f_F^\wedge(n)$. Diese in der Fourier-Analysis fundamentalen Eigenschaften wollen wir in einer „Haar-Analysis" ebenfalls erhalten; der Faktor $(in)^r$ wird dabei natürlicherweise durch $(2^n)^r$ ersetzt. Die folgende Definition erhält dann ihre erste Motivation durch die Lemmata 4.2 und 4.3 (vgl. auch Abschnitt 8).

Definition 4.1: Existiert zu $f \in L^p(0, 1)$, $1 \leq p < \infty$, eine Funktion $g \in L^p(0, 1)$ mit

$$\lim_{m\to\infty} \left\| \tfrac{1}{3} \sum_{j=0}^{m} 2^j [f - f_{2^{-j-1}}] + \tfrac{1}{3} \left[f - \int_0^1 f(u)\,du \right] - g \right\|_p = 0 ,$$

so heißt g *Haar-Ableitung von* f und wird mit $g = \mathrm{D}^{[1]} f$ bezeichnet. Die *höheren* Haar-Ableitungen sind sukzessiv definiert durch

$$\mathrm{D}^{[r]} f = \mathrm{D}^{[1]}(\mathrm{D}^{[r-1]} f) \qquad (r = 2, 3, \ldots) .$$

Im Sinne dieser Definition sind die Haar-Funktionen beliebig oft differenzierbar.

Lemma 4.2: *Für festes* $r \in \mathsf{N}$ *gilt*

$$\mathrm{D}^{[r]}\chi_0 = 0 ,$$
$$\mathrm{D}^{[r]}\chi_{2^n+j} = 2^{nr}\chi_{2^n+j} \qquad (n, j \in \mathsf{P}, 0 \leq j < 2^n) .$$

Wesentlich für den Beweis ist die Identität

$$2^n = \frac{1}{3}\sum_{j=0}^{\infty} 2^j \left[1 - \frac{1}{\sqrt{2^n}}\chi_{2^n}(2^{-j-1})\right] + \frac{1}{3} \qquad (n \in \mathsf{P}) , \tag{4.1}$$

deren Gültigkeit man durch Einsetzen der Werte

$$\chi_{2^n}(2^{-j-1}) = \begin{cases} \sqrt{2^n} , & j > n \\ -\sqrt{2^n} , & j = n \\ 0 , & j < n \end{cases} \qquad (n, j \in \mathsf{P}) \tag{4.2}$$

(siehe Definition 2.1) leicht nachweist.

Wir beweisen nun Lemma 4.2 im Falle $r = 1$; für $r > 1$ folgt die Behauptung induktiv.
Nach Definition 3.1 ist die Haar-Verschiebung der Haar-Funktionen um h, $h \in [0, 1)$, gegeben durch:

$$[\chi_0]_h(x) = \chi_0(x) ,$$
$$[\chi_{2^n+k}]_h(x) = \frac{1}{\sqrt{2^n}}\chi_{2^n}(h)\,\chi_{2^n+k}(x) \qquad (n, k \in \mathsf{P} ,\ 0 \leq k < 2^n) . \tag{4.3}$$

Bildet man die Ableitung der Haar-Funktionen χ_{2^n+k} im Sinne von Definition 4.1, so folgt mit (4.3) und (4.1) direkt für $m \geq n$

$$\frac{1}{3}\left\{\sum_{j=0}^{m} 2^j(\chi_{2^n+k}(x) - [\chi_{2^n+k}]_{2^{-j-1}}(x)) + \chi_{2^n+k}(x)\right\} = \chi_{2^n+k}(x)\frac{1}{3}\left\{\sum_{j=0}^{m} 2^j\left[1 - \frac{1}{\sqrt{2^n}}\chi_{2^n}(2^{-j-1})\right] + 1\right\} = 2^n\chi_{2^n+k}(x) ,$$

d. h. $\mathrm{D}^{[1]}\chi_{2^n+k} = 2^n\chi_{2^n+k}$ · $\mathrm{D}^{[1]}\chi_0 = 0$ folgt sofort aus Definition 4.1 und (4.3). Damit ist Lemma 4.2 vollständig bewiesen.

Für die Haar-Koeffizienten der Haar-Ableitung erhält man

Lemma 4.3: *Für* f, $\mathrm{D}^{[r]} f \in L^p(0, 1)$, $1 \leq p < \infty$, *gilt*

$$[\mathrm{D}^{[r]} f]^\wedge(0) = 0 ,$$
$$[\mathrm{D}^{[r]} f]^\wedge(2^n + j) = 2^{nr} f^\wedge(2^n + j) \qquad (n, j \in \mathsf{P}; 0 \leq j < 2^n) .$$

Beweis: Zunächst sei $r = 1$. Setzt man

$$(\mathrm{D}_m^{[1]} f)(x) = \tfrac{1}{3}\left\{\sum_{j=0}^{m} 2^j[f(x) - f_{2^{-j-1}}(x)] + [f(x) - \int_0^1 f(u)\,du]\right\}, \tag{4.4}$$

so gilt nach Voraussetzung

$$\lim_{m\to\infty} \|\mathrm{D}_m^{[1]} f - \mathrm{D}^{[1]} f\|_p = 0 .$$

Hieraus folgt mittels der Abschätzung (2.6) für jedes $k \in \mathsf{P}$

$$\lim_{m\to\infty} [\mathrm{D}_m^{[1]} f]^\wedge(k) = [\mathrm{D}^{[1]} f]^\wedge(k) .$$

Für $k = 2^n + j$ mit $n, j \in \mathsf{P}$, $0 \leq j < 2^n$ erhält man somit

$$[\mathrm{D}^{[1]} f]^\wedge(2^n + j) = \lim_{m\to\infty} [\mathrm{D}_m^{[1]} f]^\wedge(2^n + j)$$
$$= \lim_{m\to\infty} f^\wedge(2^n + j)\,\frac{1}{3}\left\{\sum_{j=0}^{m} 2^j\left[1 - \frac{1}{\sqrt{2^n}}\chi_{2^n}(2^{-j-1})\right] + 1\right\} = 2^n f^\wedge(2^n + j) ,$$

wobei Definition 3.1 und die Identität (4.1) verwendet wurden. Für $k = 0$ folgt sofort $[\mathrm{D}^{[1]} f]^\wedge(0) = \lim_{m\to\infty} [\mathrm{D}_m^{[1]} f]^\wedge(0) = 0$, womit Lemma 4.3 im Falle $r = 1$ bewiesen ist. Für $r \geq 2$ folgt die Behauptung durch Induktion.

Implizit ist in Lemma 4.3 schon folgende Aussage enthalten:

Lemma 4.4: *Für* $f \in L^p(0, 1)$, $1 \leq p < \infty$, *gilt:*

$$D^{[1]}f = 0 \Leftrightarrow f = \text{const.}$$

Beweis: Aus $D^{[1]}f = 0$ folgt $[D^{[1]}f]^\wedge(k) = 0$ für alle $k \in \mathsf{P}$. Nach Lemma 4.3 ist dann $f^\wedge(2^n + j) = 0$ für alle $n, j \in \mathsf{P}$ mit $0 \leq j < 2^n$. Da f integrierbar ist, gilt $f^\wedge(0) = \int_0^1 f(u)\, du = \text{const.}$, woraus mit dem Eindeutigkeitssatz (2.5) schließlich $f = \text{const.}$ folgt. Umgekehrt erhält man durch Einsetzen von $f = \text{const.}$ in Definition 4.1 direkt $D^{[1]}f = 0$, womit auch Lemma 4.4 bewiesen ist.

5. Die zur HAAR-Ableitung inverse Operation

5.1 Hilfsfunktionen

In den Lemmata 4.2 bis 4.4 haben wir einige grundlegende Eigenschaften der HAAR-Ableitung kennengelernt. Es sei noch hinzugefügt, daß $D^{[r]}$, festes $r \in \mathsf{N}$, ein linearer Operator ist. In diesem Abschnitt führen wir die zu $D^{[r]}f$ inverse Operation ein und untersuchen ihre Eigenschaften. Dabei erhalten wir als Nebenprodukt auch die Abgeschlossenheit des Operators $D^{[r]}$ (Abschnitt 6).

Zur Definition der zur HAAR-Ableitung inversen Operation, also der entsprechenden Integration, benötigt man die Hilfsfunktionen

$$K_r(x) = 1 + \sum_{n=0}^{\infty} 2^{-n(r-1/2)} \chi_{2^n}(x) \qquad (r \in \mathsf{N})\,. \tag{5.1}$$

Diese Definition ist sinnvoll, da die Summe in (5.1) im Falle $r \geq 2$ gleichmäßig konvergent ist, wie man leicht sieht. Im Fall $r = 1$ ist die Summe für jedes nicht ganzzahlige $x \in \mathsf{R}$ konvergent, denn $K_1(x)$ berechnet sich nach (3.3) für $x \in [2^{-m-1}, 2^{-m})$, $m \in \mathsf{P}$, zu

$$K_1(x) = m\,. \tag{5.2}$$

Nach diesen Vorbemerkungen können wir folgende Aussage über die $L^1(0, 1)$-Norm von $K_r(x)$ machen.

Lemma 5.1: *Für jedes* $r \in \mathsf{N}$ *ist* $\|K_r\|_1 = 1$.

Beweis: Sei $r = 1$. Wegen (5.2) ist $K_1(x) \geq 0$, und es gilt

$$\|K_1\|_1 = \int_0^1 K_1(x)\, dx = \sum_{m=1}^{\infty} \int_{2^{-m-1}}^{2^{-m}} K_1(x)\, dx$$

$$= \sum_{m=1}^{\infty} m 2^{-m-1} = \frac{1}{4} \sum_{m=1}^{\infty} \left[\frac{d}{dx} x^m\right]_{x=1/2} = 1\,.$$

Auch im Falle $r \geq 2$ ist $K_r(x) \geq 0$, denn mit (3.3) erhält man

$$K_r(x) = 1 + \sum_{n=0}^{m-1} 2^{-n(r-1)} - 2^{-m(r-1)} \geq 0\,.$$

Wegen der gleichmäßigen Konvergenz der Reihe in (5.1) gilt damit

$$\|K_r\|_1 = \int_0^1 K_r(x)\, dx = 1 + \sum_{n=0}^{\infty} 2^{-n(r-1/2)} \int_0^1 \chi_{2^n}(x)\, dx = 1\,,$$

was zu zeigen war.

Als weitere Hilfsfunktionen führen wir ein:

$$K_r^{(q)}(x) = K_r(x) - s_{2^q}(K_r; x) = \sum_{n=q}^{\infty} 2^{-n(r-1/2)} \chi_{2^n}(x) \qquad (r \in \mathsf{N}, q \in \mathsf{P})\,. \tag{5.3}$$

Für die $L^1(0, 1)$-Normen dieser Funktionen gilt

Lemma 5.2: *Für* $r \in \mathsf{N}$, $q \in \mathsf{P}$ *ist* $\|K_r^{(q)}\|_1 \leq 2^{-qr+1}$.

Beweis: Für $r = 1$ gilt

$$K_1^{(q)}(x) = \begin{cases} 0\,, & x \in [2^{-q}, 1) \\ m - q - 1\,, & x \in [2^{-m-1}, 2^{-m})\,, \quad m \geq q \end{cases}$$

und damit

$$\|K_1^{(q)}\|_1 = \int_0^1 K_1^{(q)}(x)\, dx = \sum_{m=q}^{\infty} \int_{2^{-m-1}}^{2^{-m}} K_1^{(q)}(x)\, dx = 2^{-q-1} + \sum_{m=q+2}^{\infty} (m - q - 1)\, 2^{-m-1} = 2^{-q}\,.$$

Zur Berechnung der letzten Summe ist dieselbe Methode zu benutzen wie im Beweis von Lemma 5.1.

Im Falle $r \geq 2$ ist die Reihe $\sum_{n=q}^{\infty} 2^{-n(r-1/2)} \chi_{2^n}(x)$ gleichmäßig konvergent, so daß

$$\|K_r^{(q)}\|_1 \leq \int_0^1 \sum_{n=q}^{\infty} 2^{-n(r-1/2)} |\chi_{2^n}(x)|\, dx = \sum_{n=q}^{\infty} 2^{-nr} \leq 2^{-qr+1}$$

folgt.

Es sei noch bemerkt, daß man Lemma 5.2 verschärfen kann zu

$$\|K_r^{(q)}\|_1 = 2^{-qr}$$

(siehe [14]).

Weiter ist nachzutragen, daß die Reihe in (5.1) tatsächlich die HAAR-Reihe von $K_r(x)$ ist, d. h. daß gilt

$$\begin{aligned} &K_r^{\wedge}(0) = 1\,, \\ &K_r^{\wedge}(2^n) = 2^{-n(r-1/2)} \qquad (n \in \mathsf{P})\,, \\ &K_r^{\wedge}(2^n + j) = 0 \qquad (n, j \in \mathsf{P}, 1 \leqq j < 2^n)\,. \end{aligned} \tag{5.4}$$

Da nämlich K_r zu $L^1(0, 1)$ gehört, folgt nach (2.4)

$$\lim_{m\to\infty} \|K_r - s_{2^m}(K_r)\|_1 = 0$$

und mit (2.6) schließlich die Behauptung (5.4).

Eine wesentliche Rolle spielt im folgenden auch die Identität

Lemma 5.3: *Für jedes $n \in \mathsf{P}$ und $x \in [0, 1)$ gilt*

$$\chi_{2^n}(x \oplus u) = \frac{1}{\sqrt{2^n}} \sum_{j=0}^{2^n-1} \chi_{2^n+j}(x)\, \chi_{2^n+j}(u) \tag{5.5}$$

für fast alle $u \in [0, 1)$.

Beweis: Seien $n \in \mathsf{P}$ und $x = \sum_{s=1}^{\infty} x_s 2^{-s} \in [0, 1)$ fest vorgegeben. Dann gibt es genau ein $k = \sum_{s=0}^{n-1} k_s 2^s \in \{0, \ldots, 2^n - 1\}$ mit $x_s = k_{n-s}$ für alle $s \in \{1, \ldots, n\}$. Wegen der Darstellung (2.7) ist damit $\chi_{2^n+k}(x) = \sqrt{2^n}(-1)^{x_{n+1}}$, während für alle $j \neq k, j \in \{0, \ldots, 2^n - 1\}$ gilt $\chi_{2^n+j}(x) = 0$. Also erhalten wir

$$\frac{1}{\sqrt{2^n}} \sum_{j=0}^{2^n-1} \chi_{2^n+j}(x)\, \chi_{2^n+j}(u) = (-1)^{x_{n+1}}\, \chi_{2^n+k}(u)\,. \tag{5.6}$$

Sei nun $u = \sum_{s=1}^{\infty} u_s 2^{-s}$ beliebig in $[0, 1)$.

(i) Im Falle $u_s = x_s$ für alle $s \in \{1, \ldots, n + 1\}$ ist auch $u_s = k_{n-s}$ für alle $s \in \{1, \ldots, n\}$ und wegen (2.7) gilt $\chi_{2^n+k}(u) = \sqrt{2^n}(-1)^{x_{n+1}}$. Aus (5.6) folgt damit

$$\frac{1}{\sqrt{2^n}} \sum_{j=0}^{2^n-1} \chi_{2^n+j}(x)\, \chi_{2^n+j}(u) = \sqrt{2^n}\,.$$

Außerdem ist $(x \oplus u)_s = 0$ für alle $s \in \{1, \ldots, n + 1\}$ mit Ausnahme des Punktes u, für den $u_s \neq x_s$ für alle $s > n + 1$ gilt. Also ist wegen (2.8)

$$\chi_{2^n}(x \oplus u) = \sqrt{2^n} \qquad \text{f.ü.}$$

(ii) Im Falle $u_s = x_s$ für alle $s \in \{1, \ldots, n\}$ und $u_{n+1} \neq x_{n+1}$ erhält man wie in (i) mit (2.7) und (5.6)

$$\frac{1}{\sqrt{2^n}} \sum_{j=0}^{2^n-1} \chi_{2^n+j}(x)\, \chi_{2^n+j}(u) = -\sqrt{2^n}\,.$$

Da andererseits

$$(x \oplus u)_s = \begin{cases} 0\,, & s \in \{1, \ldots, n\} \\ 1\,, & s = n + 1 \end{cases}$$

ist, außer für den Punkt u, für den $u_s \neq x_s$ für alle $s > n + 1$ ist, gilt mit (2.8) auch

$$\chi_{2^n}(x \oplus u) = -\sqrt{2^n} \qquad \text{f.ü.}$$

(iii) Sei $x_s \neq u_s$ für ein $s \leqq n$, dann folgt $u_s \neq k_{n-s}$ und wegen (2.7) $\chi_{2^n+k}(u) = 0$. Wegen (5.6) hat damit die rechte Seite von (5.5) den Wert Null. Andererseits gilt $(x \oplus u)_s = 1$ mit Ausnahme der u, für die $u_r \neq x_r$ für alle $r \geqq n$ ist. Somit erhalten wir wegen (2.8)

$$\chi_{2^n}(x \oplus u) = 0 \qquad \text{f.ü.}$$

Man kann sogar zeigen, daß die Ausnahmemenge nur aus dem Punkt u besteht, für den $x_s \neq u_r$ für alle $s \in \mathsf{N}$ gilt. Damit ist die Beziehung (5.5) vollständig bewiesen.

5.2 Die Umkehroperation

Nach diesen Vorbereitungen können wir nun die zu $\mathrm{D}^{[r]} f$ inverse Operation einführen.

Definition 5.4: Für $f \in L^p(0, 1)$, $1 \leqq p < \infty$, $r \in \mathsf{N}$ heißt

$$(\mathrm{I}_{[r]} f)\,(x) = (f * K_r)\,(x)$$

das *r-fache Integral von f bezüglich des HAAR-Systems.*

Es sei bemerkt, daß dieser Integralbegriff, der als dyadische Faltung definiert ist, nichts mit dem Begriff des üblichen HAAR-Integrals auf lokalkompakten ABELschen Gruppen zu tun hat. Außerdem sei darauf hingewiesen, daß für die folgenden Aussagen kein Faltungssatz der Form $(f * g)^{\wedge}(k) = f^{\wedge}(k)\, g^{\wedge}(k)$, $k \in \mathsf{P}$, zur Verfügung steht, wie man schon mittels (5.4) in Lemma 5.6 sehen wird.

Für das r-fache Integral der HAAR-Funktion im Sinne von Definition 5.4 folgt

Lemma 5.5: *Für alle $x \in \mathsf{R}$ gilt*

$$\begin{aligned} &(\mathrm{I}_{[r]}\, \chi_0)\,(x) = \chi_0(x)\,, \\ &(\mathrm{I}_{[r]}\, \chi_{2^n+j})\,(x) = 2^{-nr}\, \chi_{2^n+j}\,(x) \qquad (n, j \in \mathsf{P}, 0 \leqq j < 2^n)\,. \end{aligned}$$

Beweis: Für jedes $k \in \mathsf{P}$ und alle $x \in \mathsf{R}$ ist

$$(\mathrm{I}_{[r]}\chi_k)(x) = \lim_{m\to\infty} \left(s_{2^m}(K_r) * \chi_k\right)(x)\,, \tag{5.7}$$

denn es gilt

$$|(\mathrm{I}_{[r]}\chi_k)(x) - (s_{2^m}(K_r) * \chi_k)(x)| \leqq \int_0^1 |\chi_k(u)|\,|K_r(x\oplus u) - s_{2^m}(K_r; x\oplus u)|\,du \leqq \max_{u\in[0,1)} |\chi_k(u)|\,\|K_r - s_{2^m}(K_r)\|_1\,,$$

und der letzte Ausdruck strebt wegen (2.4) und Lemma 5.1 gegen Null für $m \to \infty$. Damit erhält man wegen Lemma 5.3 und der Orthogonalität der HAAR-Funktionen für $n, j \in \mathsf{P}$ und $0 \leqq j < 2^n$

$$\begin{aligned}(\mathrm{I}_{[r]}\chi_{2^n+j})(x) &= \lim_{m\to\infty} \left(s_{2^{m+1}}(K_r) * \chi_{2^n+j}\right)(x)\\ &= \lim_{m\to\infty} \int_0^1 \left\{1 + \sum_{k=0}^{m} 2^{-k(r-1/2)} \chi_{2^k}(x\oplus u)\right\} \chi_{2^n+j}(u)\,du\\ &= 2^{-nr}\chi_{2^n+j}(x)\,.\end{aligned}$$

Analog folgt $(\mathrm{I}_{[r]}\chi_0)(x) = \chi_0(x)$. Damit ist Lemma 5.5 bewiesen.

Wir benutzen dieses Ergebnis, um die HAAR-Koeffizienten von $\mathrm{I}_{[r]}f$ zu berechnen.

Lemma 5.6: *Für $f \in L^p(0, 1)$, $1 \leqq p < \infty$, und $r \in \mathsf{N}$ gilt*

$$[\mathrm{I}_{[r]}f]^\wedge(0) = f^\wedge(0)\,,$$
$$[\mathrm{I}_{[r]}f]^\wedge(2^n + j) = 2^{-nr} f^\wedge(2^n + j) \qquad (n, j \in \mathsf{P}, 0 \leqq j < 2^n)\,.$$

Beweis: Aus Definition 5.4 und Lemma 5.5 ergibt sich für $n, j \in \mathsf{P}$ mit $0 \leqq j < 2^n$:

$$\begin{aligned}[\mathrm{I}_{[r]}f]^\wedge(2^n + j) &= \int_0^1\int_0^1 f(u)\,K_r(x\oplus u)\,du\,\chi_{2^n+j}(x)\,dx\\ &= \int_0^1 f(u) \int_0^1 K_r(x\oplus u)\,\chi_{2^n+j}(x)\,dx\,du\\ &= \int_0^1 f(u)\,(\mathrm{I}_{[r]}\chi_{2^n+j})(u)\,du = 2^{-nr} f^\wedge(2^n + j)\,.\end{aligned}$$

Hierbei ist die Vertauschung der beiden Integrale nach dem Satz von FUBINI erlaubt, da wegen (2.9) und Lemma 5.1

$$\int_0^1\int_0^1 |f(u)|\,|K_r(x\oplus u)|\,|\chi_{2^n+j}(u)|\,dx\,du \leqq \sqrt{2^n}\|f\|_1 < +\infty$$

gilt. Ganz analog erhält man $[\mathrm{I}_{[r]}f]^\wedge(0) = f^\wedge(0)$.

6. Ein Fundamentalsatz für $\mathrm{D}^{[r]}$ und $\mathrm{I}_{[r]}f$

In Abschnitt 5 haben wir $\mathrm{I}_{[r]}f$ als *Umkehroperation* von $\mathrm{D}^{[r]}f$ bezeichnet ohne dies bewiesen zu haben. Wir zeigen im folgenden, daß diese beiden Operationen für $f \in L^p(0, 1)$ mit $\int_0^1 f(u)\,du = 0$ tatsächlich zueinander invers sind.

Satz 6.1: *Es sei $f \in L^p(0, 1)$, $1 \leqq p < \infty$, mit $\int_0^1 f(u)\,du = 0$.*

a) *Existiert $\mathrm{D}^{[r]}f \in L^p(0, 1)$, so gilt $\mathrm{I}_{[r]}\mathrm{D}^{[r]}f = f$.*

b) *Es ist $\mathrm{D}^{[r]}\mathrm{I}_{[r]}f = f$.*

Beweis:

a) Wegen des Eindeutigkeitssatzes (2.5) braucht man nur die Gleichheit der HAAR-Koeffizienten von f und $\mathrm{I}_{[r]}\mathrm{D}^{[r]}f$ nachzuweisen. Mit den Lemmata 5.6 und 4.3 erhält man für $n, j \in \mathsf{P}$ mit $0 \leqq j < 2^n$

$$[\mathrm{I}_{[r]}\mathrm{D}^{[r]}f]^\wedge(2^n + j) = 2^{-nr}2^{nr} f^\wedge(2^n + j) = f^\wedge(2^n + j)$$

und

$$[\mathrm{I}_{[r]}\mathrm{D}^{[r]}f]^\wedge(0) = [\mathrm{D}^{[r]}f]^\wedge(0) = 0\,.$$

b) Im Falle $r = 1$ ist zu zeigen: (siehe (4.4))

$$\lim_{m\to\infty} \|\mathrm{D}^{[1]}_{m-1}(\mathrm{I}_{[1]}f) - f\|_p = 0\,. \tag{6.1}$$

Dazu beweisen wir zunächst, daß für fast alle $x \in \mathsf{R}$ gilt

$$\mathrm{D}^{[1]}_{m-1}(\mathrm{I}_{[1]}f)(x) - f(x) = \frac{2^m}{3}\left[(\mathrm{I}_{[1]}f)(x) - s_{2^m}(\mathrm{I}_{[1]}f, x)\right] + \left[s_{2^m}(f, x) - f(x)\right]. \tag{6.2}$$

Um die Gültigkeit von (6.1) nachzuweisen, ist dann wegen (2.4) nur noch

$$\lim_{m\to\infty} \frac{2^m}{3} \|(\mathrm{I}_{[1]}f) - s_{2^m}(\mathrm{I}_{[1]}f)\|_p = 0 \tag{6.3}$$

zu zeigen.

Zum Beweis von (6.2) vergleichen wir die HAAR-Koeffizienten beider Seiten dieser Gleichung. Bezeichnet man die rechte Seite von (6.2) mit $R(x)$, so gilt nach (2.2) und Lemma 5.6

$$R^\wedge(k) = \begin{cases} 0\,, & 0 \leqq k < 2^m \\ \left[\dfrac{2^{m-n}}{3} - 1\right] f^\wedge(k)\,, & 2^m \leqq k = 2^n + j\,, \quad 0 \leqq j < 2^m\,. \end{cases} \tag{6.4}$$

Wegen (4.2) gilt

$$A := \frac{1}{3}\left\{\sum_{j=0}^{m-1} 2^j \left[1 - \frac{1}{\sqrt{2^n}}\chi_{2^n}(2^{-j-1})\right] + 1\right\} = \begin{cases} 2^n\,, & 0 \leqq n < m \\ \dfrac{2^m}{3}\,, & m \leqq n\,; \end{cases}$$

zusammen mit Lemma 5.6 folgt daraus für $k = 2^n + j$, $n, j \in \mathsf{P}$, $0 \leqq j < 2^n$,

$$[\mathrm{D}^{[1]}_{m-1}(\mathrm{I}_{[1]}f) - f]^\wedge(k) = \begin{cases} 0\,, & k = 0 \\ 2^{-n} f^\wedge(2^n + j)\, A - f^\wedge(2^n + j), & k \neq 0\,. \end{cases} \tag{6.5}$$

Wegen (6.4) und (6.5) sind die HAAR-Koeffizienten der beiden Seiten von (6.2) gleich. Aufgrund des Eindeutigkeitssatzes (2.5) ist damit (6.2) erfüllt.

Zu zeigen bleibt noch (6.3). Man sieht leicht ein, daß für $q \in \mathsf{P}$

$$(\mathrm{I}_{[1]}f)(x) - s_{2^q}(\mathrm{I}_{[1]}f; x) = ([K_1 - s_{2^q}(K_1)] * f)(x) = (K_1^{(q)} * f)(x) \tag{6.6}$$

gilt. Für $f(x) = \chi_{2^n+j}(x)$ folgt hieraus

$$(K_1^{(q)} * \chi_{2^n+j})(x) = \begin{cases} 0\,, & n < q \\ 2^{-n}\chi_{2^n+j}(x)\,, & n \geqq q\,. \end{cases} \tag{6.7}$$

Zum Beweis von (6.3) sei nun ein $\varepsilon > 0$ vorgegeben, dann existiert nach (2.4) ein $m(\varepsilon)$, so daß $\|f - s_{2^m}(f)\|_p < \varepsilon$ ist für alle $m \geqq m(\varepsilon)$. Berücksichtigt man weiter, daß wegen (6.7)

$$\big(K_1^{(q)} * s_{2^m}(f)\big)(x) = 0$$

gilt für $q \geqq m$, so folgt aus (6.6), Lemma 5.2 und (2.4) für alle $q \geqq m \geqq m(\varepsilon)$

$$\frac{2^q}{3}\|(\mathrm{I}_{[1]}f) - s_{2^q}(\mathrm{I}_{[1]}f)\|_p = \frac{2^q}{3}\|K_1^{(q)} * f\|_p$$

$$\leqq \frac{2^q}{3}\{\|K_1^{(q)}\|_1 \|f - s_{2^m}(f)\|_p + \|K_1^{(q)} * s_{2^m}(f)\|_p\} \leqq \frac{1}{3}\|f - s_{2^m}(f)\|_p < \varepsilon\,,$$

d. h. (6.3) ist bewiesen, also auch b) im Falle $r = 1$.

Im Falle $r \geqq 2$ folgt die Behauptung b) durch vollständige Induktion. Dabei ist zu beachten, daß

$$K_{r+1}(x) = (K_r * K_1)(x) = (\mathrm{I}_{[1]}K_r)(x)$$

ist, wie ein Vergleich der HAAR-Koeffizienten der drei Terme zeigt. Damit ist Satz 6.1 bewiesen.

Durch Zusammenfassen der wichtigsten Ergebnisse aus den Abschnitten 4, 5 und 6 erhält man folgende Charakterisierung für die Klasse der r-mal HAAR-ableitbaren Funktionen.

Satz 6.2: *Für $f \in L^p(0, 1)$, $1 \leqq p < \infty$, sind folgende Aussagen äquivalent:*

a) $\mathrm{D}^{[r]}f = g$ *existiert mit* $g \in L^p(0, 1)$;

b) *es existiert* $g \in L^p(0, 1)$ *mit*

$g^\wedge(0) = 0\,,$

$g^\wedge(2^n + j) = 2^{nr} f^\wedge(2^n + j) \qquad (n, j \in \mathsf{P}, 0 \leqq j < 2^n)\,,$

c) *es existiert ein* $g \in L^p(0, 1)$ *mit*

$f = \mathrm{I}_{[r]}\, g + f^\wedge(0)\,.$

Beweis: Behauptung a) $\Rightarrow$ b) folgt aus Lemma 4.3; die Aussage b) $\Rightarrow$ c) erhält man mit Lemma 5.6 durch Vergleich der HAAR-Koeffizienten. Die Behauptung c) $\Rightarrow$ a) folgt direkt aus Satz 6.1 b).

Es sei noch darauf hingewiesen, daß $\mathrm{D}^{[r]}$ bezüglich $L^p(0, 1)$ ein abgeschlossener Operator ist, d. h.

Lemma 6.3: *Ist $\{f_n\}_{n=1}^\infty$ eine Funktionenfolge in $L^p(0, 1)$, $1 \leqq p < \infty$, mit*

$$\lim_{n\to\infty} \|f_n - f\|_p = 0$$

und

$$\lim_{n\to\infty} \|\mathrm{D}^{[r]} f_n - g\|_p = 0\,,$$

dann existiert $\mathrm{D}^{[r]}f$ in $L^p(0, 1)$, und es ist $\mathrm{D}^{[r]}f = g$.

Beweis: Wie im Beweis von Lemma 4.3 zeigt man, daß $g^\wedge(0) = 0$ und $g^\wedge(2^n + j) = 2^{nr} f^\wedge(2^n + j)$ ist für $n, j \in \mathsf{P}$, $0 \leqq j < 2^n$. Die Behauptung folgt dann direkt aus Lemma 6.2.

Abschließend sollen noch einige Beispiele für die Haar-Ableitung angegeben werden. In Lemma 4.2 wurden schon die Haar-Funktionen selbst behandelt, deren Amplitude bei der Ableitung in Abhängigkeit ihrer Trägerbreite vervielfacht wird. Ausgehend von diesem Lemma lassen sich leicht die Ableitungen von weiteren Rechteckfunktionen, den Haar-Polynomen, berechnen. Wir wollen an dieser Stelle nur die Haar-Ableitungen einiger Blockimpulsfunktionen berechnen und skizzieren, da diese für das Erkennen von Interpretations- bzw. Anwendungsmöglichkeiten der Ableitung nützlich sein könnten. Für mathematische Anwendungen möchten wir auf Abschnitt 7 dieser Arbeit verweisen.

Einheitsblockimpulse der Dauer 2^{-m}, $m \in \mathbb{N}$,

$$f_m(t) = \begin{cases} 1 & t \in [0, 2^{-m}) \\ 0 & \text{sonst in } [0, 1) \end{cases}$$

haben z. B. für $m = 1, 2, 3$ die folgende Darstellung als Haar-Polynome:

$$f_1(t) = \tfrac{1}{2}\left(\chi_0(t) + \chi_1(t)\right),$$

$$f_2(t) = \tfrac{1}{4}\left(\chi_0(t) + \chi_1(t) + \sqrt{2}\chi_2(t)\right),$$

$$f_3(t) = \tfrac{1}{8}\left(\chi_0(t) + \chi_1(t) + \sqrt{2}\chi_2(t) + 2\chi_4(t)\right).$$

Mit Lemma 4.2 berechnet man die erste Haar-Ableitung dieser Funktionen zu:

$$f_1^{[1]}(t) = \tfrac{1}{2}\chi_1(t),$$

$$f_2^{[1]}(t) = \tfrac{1}{4}\left(\chi_1(t) + 2\sqrt{2}\chi_2(t)\right),$$

$$f_3^{[1]}(t) = \tfrac{1}{8}\left(\chi_1(t) + 2\sqrt{2}\chi_2(t) + 8\chi_4(t)\right).$$

In den folgenden Abbildungen sind die obigen Funktionen und ihre Ableitung gegenübergestellt. Es zeigt sich, daß die Ableitung einen Block gleicher Dauer aber veränderter Amplitude enthält, negativ wird (ein Analogon zum Einschwingvorgang ?) und sich stufenweise der Zeitachse nähert.

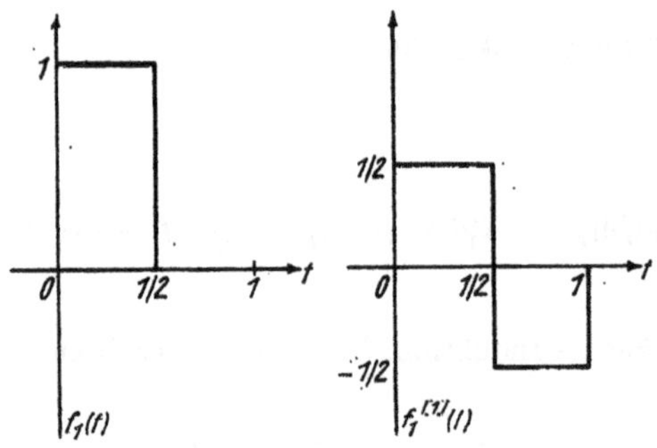

Abb. 1

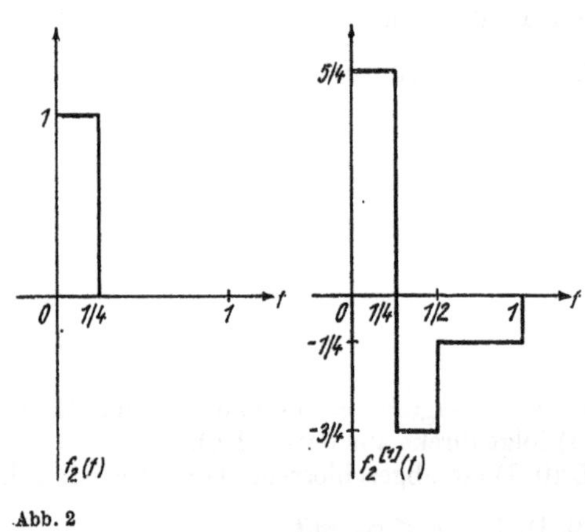

Abb. 2

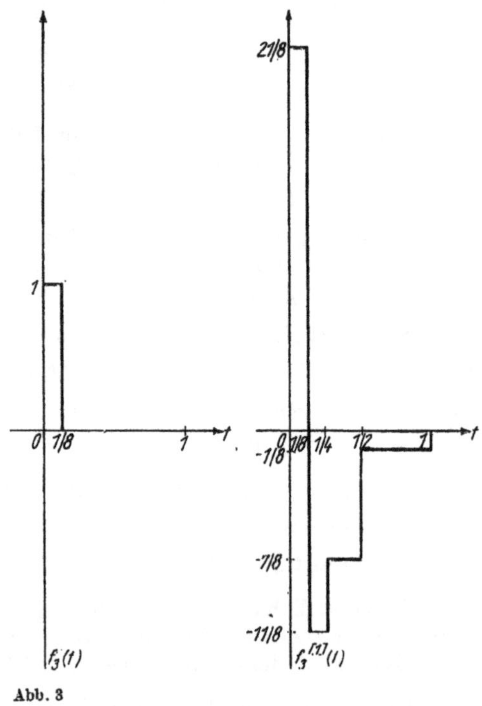

Abb. 3

7. Über die Rolle der Haar-Ableitung und ihrer Umkehroperation in der Theorie der Haar-Reihen

Mit den Begriffen $D^{[r]}f$ bzw. $I_{[r]}f$ haben wir in den Abschnitten 4 bis 6 einen Kalkül, den sogenannten Haarschen Infinitesimalkalkül, aufgebaut, der dem System der Haar-Funktionen — das ja aus Stufenfunktionen besteht — in besonderer Weise angepaßt ist.

Dies zeigt sich auch in den folgenden Anwendungsbeispielen der Haar-Ableitung und ihrer Umkehroperation in der Theorie der Haar-Reihen und der besten Approximation durch Haar-Polynome. Es erweist sich hierfür als vorteilhaft, die Begriffe Haar-Glattheitsmodul und Haar-Lipschitz-Klasse einzuführen.

7.1 Der HAAR-Glattheitsmodul

Bei der Untersuchung des Konvergenzverhaltens von HAAR-Reihen spielt der klassische Glattheitsmodul (2.3) eine wesentliche Rolle. Ersetzt man in (2.3) $f(x + h)$ durch die HAAR-Verschiebung $f_h(x)$, so erhält man einen neuen Begriff, den sogenannten HAAR-*Glattheitsmodul*:

$$\omega_H^{(p)}(f; \delta) = \sup_{0 \leqq h < \delta} \|f_h - f\|_p . \tag{7.1}$$

Zwischen den beiden Moduln (7.1) und (2.3) besteht der folgende Zusammenhang:

Lemma 7.1: *Für* $f \in L^p(0, 1)$ *und* $m \in \mathsf{P}$ *gilt*

$$\omega_H^{(p)}\left(f; \frac{1}{2^m}\right) \leqq 3\omega^{(p)}\left(f; \frac{1}{2^m}\right).$$

Zum Beweis benutzen wir die Darstellung (3.4) und erhalten mit (2.4) für $h \in [2^{-m-1}, 2^{-m})$

$$\|f_h - f\|_p \leqq 2\|f - s_{2^m}(f)\|_p + \|f - s_{2^{m+1}}(f)\|_p \leqq 3\omega^{(p)}\left(f; \frac{1}{2m}\right).$$

Hieraus kann sofort die Behauptung von Lemma 7.1 gefolgert werden.

Wir führen nun über (7.1) die HAAR-LIPSCHITZ-*Klasse* $\mathrm{Lip}_H(\alpha, p)$, $\alpha > 0$, $1 \leqq p < \infty$, ein:

$$\mathrm{Lip}_H(\alpha, p) := \{f \in L^p(0, 1) \mid \omega_H^{(p)}(f; \delta) = O[\delta^\alpha], \delta \to 0+\} . \tag{7.2}$$

Ein Vergleich dieser Funktionenklasse mit der klassischen LIPSCHITZ-Klasse

$$\mathrm{Lip}(\alpha, p) = \{f \in L^p(0, 1) \mid \omega^{(p)}(f; \delta) = O[\delta^\alpha], \ \delta \to 0+\}$$

ergibt

Folgerung 7.2: *Aus* $f \in \mathrm{Lip}\,(\alpha, p)$, $0 \leqq \alpha < 1$, *folgt* $f \in \mathrm{Lip}_H\,(\alpha, p)$.

Damit haben wir ein hinreichendes Kriterium gewonnen, um festzustellen, ob f zu $\mathrm{Lip}_H\,(\alpha, p)$ gehört. Es sei noch angemerkt, daß die Umkehrung von Folgerung 7.2 nicht gültig ist, d. h. aus $f \in \mathrm{Lip}_H\,(\alpha, p)$ folgt im allgemeinen nicht $f \in \mathrm{Lip}\,(\alpha, p)$. So gehört z. B. die Funktion χ_{2^n+j} für festes $n, j \in \mathsf{P}$ zu $\mathrm{Lip}_H\,(\alpha, p)$ für alle $\alpha > 0$, nicht jedoch zu $\mathrm{Lip}\,(1/p + \varepsilon, p)$ für $\varepsilon > 0$ beliebig (siehe [14]).

Ein markanter Unterschied zwischen den Glattheitsmoduln (2.3) und (7.1) besteht darin, daß die Klasse $\mathrm{Lip}\,(\alpha, p)$, $\alpha > 1$, nur Funktionen enthält, die fast überall gleich einer Konstanten sind, während die Klasse $\mathrm{Lip}_H\,(\alpha, p)$ für $\alpha > 1$ durchaus nichttriviale Funktionen enthält. Z. B. ist *die Funktion* $K_r(x)$, $r \in \mathsf{N}$, *aus* (5.1) *nicht konstant und gehört zur Klasse* $\mathrm{Lip}_H\,(r, 1)$. Zum Beweis dieser Behauptung benötigt man die Definition (5.3) und die Eigenschaft (4.3). Für $h \in [0, 2^{-m})$ gilt nämlich

$$K_r(x) - [K_r]_h\,(x) = \sum_{n=0}^{\infty} 2^{-n(r-1/2)}\chi_{2^n}(x)\left[1 - \frac{1}{\sqrt{2^n}}\chi_{2^n}(h)\right] = K_r^{(m)}(x) - [K_r^{(m)}]_h\,(x) .$$

Hieraus folgt mit Lemma 5.2 die Aussage

$$\omega_H^{(1)}(K_r; \delta) = O[\delta^r] \qquad (\delta \to 0+),$$

d. h. $K_r \in \mathrm{Lip}_H\,(r, 1)$.

Es folgt nun eine Abschätzung für den HAAR-Glattheitsmodul von f, falls die r-te HAAR-Ableitung existiert. Bekanntlich läßt sich der Glattheitsmodul (2.3) von $f \in L^p(0, 1)$ durch den Glattheitsmodul der r-ten klassischen Ableitung $f^{(r)}$ abschätzen, falls diese existiert und auch zu $L^p(0, 1)$ gehört. Es gilt nämlich

$$\omega^{(p)}(f; \delta) = O[\delta^r\omega^{(p)}(f^{(r)}; \delta)] \qquad (\delta \to 0+) .$$

Analog können wir hier bzgl. der HAAR-Ableitung zeigen:

Lemma 7.3: *Für* f, $\mathrm{D}^{[r]}f \in L^p(0, 1)$ *gilt*

$$\omega_H^{(p)}(f; 2^{-n}) = O[2^{-nr}\omega_H^{(p)}(\mathrm{D}^{[r]} f; 2^{-n})] \qquad (n \to \infty) .$$

Beweis: Zuerst beweisen wir für $h \in [0, 2^{-n})$ die Identität

$$f(x) - f_h(x) = [K^{(n)} * (\mathrm{D}^{[r]}f - [\mathrm{D}^{[r]}f]_h)]\,(x) , \tag{7.3}$$

indem wir zeigen, daß die HAAR-Koeffizienten beider Seiten gleich sind. Mit (3.2) und den Lemmata 5.6 und 4.3 erhält man für $m, j \in \mathsf{P}$ mit $0 \leqq j < 2^m$:

$$[K_r^{(n)} * (\mathrm{D}_f^{[r]} - [\mathrm{D}^{[r]}f]_h]^\wedge(2^m + j) = \begin{cases} 2^{-nr}[\mathrm{D}^{[r]}f - [\mathrm{D}^{[r]}f]_h]^\wedge(2^m + j) , & n \leqq m \\ 0 , & n > m \end{cases}$$

$$= \left(1 - \frac{1}{\sqrt{2^m}}\chi_{2^m}(h)\right)f^\wedge(2^m + j) .$$

Für die HAAR-Koeffizienten der rechten Seite von (7.3) gilt nach Definition 3.1

$$[f - f_h]^\wedge(2^m + j) = \left(1 - \frac{1}{\sqrt{2^m}}\chi_{2^m}(h)\right)f^\wedge(2^m + j) ,$$

also ist die Identität (7.3) bewiesen.

Damit erhält man

$$\|f - f_h\|_p \leqq \|K_r^{(n)}\|_1 \|D^{[r]}f - [D^{[r]}f]_h\|_p = 2^{-nr} \|D^{[r]}f - [D^{[r]}f]_h\|_p ,$$

woraus direkt die Aussage von Lemma 7.3 folgt.

Man sieht leicht ein, daß auch eine kontinuierliche Version von Lemma 7.3 gültig ist, d. h. für $f, D^{[r]}f \in L^p(0, 1)$ gilt

$$\omega_H^{(p)}(f; \delta) = O[\delta^r \omega_H^{(p)}(D^{[r]}f; 2\delta)] \qquad (\delta \to 0+)$$

oder

$$\omega_H^{(p)}(f; \delta) = O[\delta^r \|D^{[r]}f\|_p] \qquad (\delta \to 0+) . \tag{7.4}$$

7.2 Über die Größenordnung der Haar-Koeffizienten

Nach P. L. Ul'janov [11] gilt für $f \in L^p(0, 1)$ und $k \to \infty$

$$|f^\wedge(k)| = O\left[k^{(1/p-1/2)}\omega^{(p)}\left(f; \frac{1}{k}\right)\right]. \tag{7.5}$$

Diese Abschätzung bleibt gültig, falls man den Glattheitsmodul in (7.5) durch den Haar-Glattheitsmodul (7.1) ersetzt. Existiert ferner die r-te Haar-Ableitung von f, so zeigen wir

Lemma 7.4: *Für $f, D^{[r]}f \in L^p(0, 1)$, $1 \leqq p < \infty$, gilt*

$$|f^\wedge(k)| = O\left[k^{(1/p-1/2)}\omega_H^{(p)}\left(D^{[r]}f; \frac{1}{k}\right)\right] \qquad (k \to \infty) .$$

Beweis: Wegen (3.2) ist

$$\int_0^1 (f(x) - f_{2^{-n-1}}(x))\, \chi_{2^n+j}(x)\, dx = f^\wedge(2^n + j)\left(1 - \frac{1}{\sqrt{2^n}}\chi_{2^n}\left(\frac{1}{2^{n+1}}\right)\right) = 2f^\wedge(2^n + j) .$$

Für $2^n \leqq k = 2^n + j < 2^{n+1}$ gilt damit

$$|f^\wedge(k)| \leqq \frac{1}{2}\|f - f_{2^{-n-1}}\|_p \|\chi_{2^n+j}\|_q \leqq 2^{(n(1/p-1/2)-1)}\omega_H^{(p)}\left(f; \frac{1}{k}\right).$$

Da für $p \leqq 2$ die Abschätzung $2^{n(1/p-1/2)} \leqq k^{1/p-1/2}$ und für $p > 2$ die Abschätzung $2^{(n+1)(1/p-1/2)} \leqq k^{1/p-1/2}$ gilt, erhalten wir für alle $p \in [1, \infty)$

$$|f^\wedge(k)| = O\left[k^{(1/p-1/2)}\omega_H^{(p)}\left(f; \frac{1}{k}\right)\right] \qquad (k \to \infty) .$$

Mit Lemma 7.3 ist dann die Behauptung bewiesen.

Gehört nun $D^{[r]}f$ zu $\mathrm{Lip}_H(\alpha, p)$ für ein $r \in \mathsf{N}$ und ein $\alpha > 0$, $\alpha \in \mathsf{R}$, so folgt aus Lemma 7.4

$$|f^\wedge(k)| = O[k^{(1/p-1/2-r-\alpha)}] \qquad (k \to \infty) . \tag{7.6}$$

Man kann wie in Abschnitt 7.1 mit den Funktionen $K_r(x)$ zeigen, daß die Menge der Funktionen, die Bedingung (7.6) erfüllen, nicht leer ist.

An dieser Stelle wird der Vorteil der Haar-Ableitung für die Abschätzung der Haar-Koeffizienten besonders deutlich, denn für r-fach klassisch differenzierbare Funktionen erhält man bestenfalls die Abschätzung

$$|f^\wedge(k)| = O[k^{(1/p-3/2)}] \qquad (k \to \infty)$$

(siehe B. I. Golubov [15]).

Bezeichnet man mit $L_{[r]}^p(0, 1)$ die Klasse der Funktionen f aus $L^p(0, 1)$, deren r-te Haar-Ableitung existiert und zu $L^p(0, 1)$ gehört, so erhält man für $\alpha > 1 \geqq \beta > 0$ aus (7.4) und der Vollständigkeit des Raumes $L^p(0, 1)$ leicht die Beziehung

$$\mathrm{Lip}_H(\alpha, p) \subset L_{[1]}^p(0, 1) \subset \mathrm{Lip}_H(\beta, p) ,$$

dabei enthält $\mathrm{Lip}_H(\alpha, p)$, wie schon erwähnt, auch nichttriviale Funktionen.

7.3 Über die Approximation durch Haar-Polynome

Es sei daran erinnert, daß $\mathcal{P}_m$ die Menge aller Haar-Polynome vom Grade $\leqq m$ bedeutet. Die Größe

$$E_m^{(p)}(f) = \inf_{p_m \in \mathcal{P}_m} \|f - p_m\|_p = \|f - p_m^*\|_p \tag{7.7}$$

heißt dann *beste Approximation von f durch Haar-Polynome* und p_m^* *Haar-Polynom bester Approximation von f.*

Aus Definition (7.7) folgt direkt $E_m^{(p)}(f) \geqq E_{m+1}^{(p)}(f)$, $m \in \mathsf{N}$, und es gilt wegen (2.4)

$$\lim_{m\to\infty} E_m^{(p)}(f) = 0 . \tag{7.8}$$

Um zu erfahren, wie schnell diese Folge gegen Null strebt, ist wieder der Glattheitsmodul (2.3) von Nutzen; Z. CIESIELSKI [16] zeigte nämlich

$$E_m^{(p)}(f) \leqq 6\omega^{(p)}\left(f; \frac{1}{m}\right) \qquad (m \in \mathsf{N}).$$

P. L. UL'JANOV [11] schätzte die beste Approximation auch nach unten ab:

$$\tfrac{1}{2}\,\|f - s_m(f)\|_p \leqq E_m^{(p)}(f) \leqq \|f - s_m(f)\|_p. \tag{7.9}$$

Mit Hilfe des HAAR-Glattheitsmoduls können wir jetzt zeigen

Lemma 7.5: *Für $f \in L^p(0, 1)$, $1 \leqq p < \infty$, und $n \in \mathsf{N}$ gilt*

$$\frac{1}{4}\,\omega_H^{(p)}\left(f; \frac{1}{2^n}\right) \leqq E_{2^n}^{(p)}(f) \leqq \frac{3}{2}\,\omega_H^{(p)}\left(f; \frac{1}{2^n}\right). \tag{7.10}$$

Beweis: Für $h \in [0, 2^{-n})$ erhält man wegen Lemma 3.3 $s_{2^n}(f) = [s_{2^n}(f)]_h$. Zusammen mit (7.9) ergibt sich hieraus

$$\|f - f_h\|_p = \|f - s_{2^n}(f) + [s_{2^n}(f)]_h - f_h\|_p \leqq 2\,\|f - s_{2^n}(f)\|_p \leqq 4E_{2^n}^{(p)}(f)$$

und durch Übergang zum Supremum

$$\frac{1}{4}\,\omega_H^{(p)}\left(f; \frac{1}{2^n}\right) \leqq E_{2^n}^{(p)}(f).$$

Andererseits gilt

$$E_{2^n}^{(p)}(f) \leqq \|f - s_{2^n}(f)\|_p.$$

Weiter erhält man mit (3.4)

$$f - s_{2^n}(f) = f - 2s_{2^n}(f) + s_{2^{n+1}}(f) - \tfrac{1}{2}\,[s_{2^{n+1}}(f) - 2s_{2^n}(f) + s_{2^{n+1}}(f)]$$
$$= f - f_h - \tfrac{1}{2}\,s_{2^{n+1}}(f - f_h).$$

Da nach J. SCHAUDER [17] für jede Funktion $h \in L^p(0, 1)$ und jedes $m \in \mathsf{N}$ gilt

$$\|s_m(h)\|_p \leqq \|h\|_p,$$

folgt damit für die beste Approximation die Abschätzung

$$E_{2^n}^{(p)}(f) \leqq \tfrac{3}{2}\,\|f - f_h\|_p \leqq \tfrac{3}{2}\,\omega_H^{(p)}(f; 2^{-n}) \qquad (h \in [2^{-n-1}, 2^{-n})),$$

was zu zeigen war.

Fundamental für die Theorie der besten Approximation sind die beiden folgenden Ungleichungen vom BERNSTEIN- und JACKSON-Typ

Lemma 7.6:

a) *Für $p_n \in \mathscr{P}_n$ gilt*

$$\|\mathrm{D}^{[r]}\,p_n\|_p \leqq An^r\|p_n\|_p \qquad (r, n \in \mathsf{N}).$$

b) *Ist $f \in L_{[r]}^p(0, 1)$ für ein $r \in \mathsf{N}$, so gilt*

$$E_n^{(p)}(f) \leqq Bn^{-r}\|\mathrm{D}^{[r]}\|_p \qquad (n \in \mathsf{N}).$$

Dabei sind A und B von n, p_n und f unabhängige Konstanten.

Beweis: Für jedes $n \in \mathsf{N}$ gibt es ein $k \in \mathsf{P}$ mit $2^k \leqq n < 2^{k+1}$.

a) Nach (2.2) gilt dann $s_{2^q}(p_n) = p_n$ für alle $q \geqq k + 1$. Damit ist

$$\|\mathrm{D}^{[1]}p_n\|_p = \tfrac{1}{3}\left\|p_n - \int_0^1 p_n(u)\,du + \sum_{j=0}^{k} 2^j\,[p_n - [p_n]_{2^{-j-1}}]\right\|_p$$
$$\leqq \tfrac{1}{3}\,(2 + 2(2^{k+1} - 1))\,\|p_n\|_p \leqq \tfrac{4}{3}\,n\,\|p_n\|_p.$$

Für $r > 1$ folgt die Behauptung mit vollständiger Induktion.

b) Wegen (7.10), und Lemma 7.3 gilt

$$E_n^{(p)}(f) \leqq \tfrac{3}{2}\,\omega_H^{(p)}(f; 2^{-k}) \leqq \tfrac{3}{2}\,2^{-kr}\omega_H^{(p)}(\mathrm{D}^{[r]}f; 2^{-k})$$
$$\leqq 3 \cdot 2^{-kr}\,\|\mathrm{D}^{[r]}f\|_p \leqq 3 \cdot 2^r n^{-r}\,\|\mathrm{D}^{[r]}f\|_p.$$

Damit ist Lemma 7.6 bewiesen.

Mit den beiden Ungleichungen aus Lemma 7.6 sowie mit (7.8) kann man den folgenden fundamentalen Satz für die beste Approximation von Funktionen durch HAAR-Polynome zeigen.

Satz 7.7: *Für $f \in L^p(0, 1)$, $1 \leqq p < \infty$, und festes $r \in \mathsf{N}$ sind die folgenden Aussagen äquivalent:*

a) $\mathrm{D}^{[r]}f \in \mathrm{Lip}_H(\alpha, p)$; $\quad (\alpha > 0)$,

b) $\omega_H^{(p)}(\mathrm{D}^{[r]}f; \delta) = O[\delta^\alpha]$; $\quad (\delta \to 0+)$,

c) $E_n^{(p)}(f) = O[n^{-r-\alpha}]$; $\quad (n \to \infty)$,

d) *es existieren die* HAAR-*Ableitungen* $D^{[\nu]}f$, $0 < \nu \leqq r$, *mit*

$$\|D^{[\nu]} f - D^{[\nu]} p_n^*\|_p = O[n^{-r-\alpha+\nu}] \qquad (n \to \infty),$$

e) $$\|D^{[m]} p_n^*\|_p = O[n^{m-r-\alpha}] \qquad (0 < r + \alpha < m,\ n \to \infty).$$

Hierbei bedeutet p_n^* *das in* (7.7) *eingeführte* HAAR-*Polynom bester Approximation von* f.

Der Beweis folgt als Anwendung eines allgemeinen Satzes von P. L. BUTZER und K. SCHERER [18] für BANACH-Räume auf den HAARschen Fall. Dabei ist zu beachten, daß $L^p(0,1)$ mit der üblichen Norm und $L^p_{[r]}(0,1)$ mit der Norm $\|f\|_{L^p_{[r]}(0,1)} := \|f\|_p + \|D^{[r]}f\|_p$ BANACH-Räume sind und daß die fundamentalen Ungleichungen aus Lemma 7.6 gelten.

Es sei noch bemerkt, daß die Aussage a) $\Rightarrow$ c) das Analogon des bekannten JACKSON-Satzes für die beste Approximation durch HAAR-Polynome ist und c) $\Rightarrow$ a) das Analogon zum BERNSTEIN-Satz.

8. Vergleich zwischen der HAARschen und der WALSHschen dyadischen Infinitesimalrechnung

Um den Vergleich durchzuführen, geben wir kurz die wesentlichen Begriffe des von J. E. GIBBS [8, 9], P. L. BUTZER und H. J. WAGNER [5, 6, 7] u. a. entwickelten WALSHschen Infinitesimalkalkül an.

Grundlage dieses Kalküls ist das System der WALSH-Funktionen, gegeben durch

$$\psi_k(x) = (-1)^{\sum_{s=0}^{\infty} k_s x_{s+1}} \qquad (k \in P,\quad x \in [0,1)).$$

Für reellwertige, 1-periodische Funktionen f ist die *erste* WALSH-*Ableitung* definiert als

$$f^{\{1\}}(x) = \tfrac{1}{2} \sum_{j=0}^{\infty} 2^j[f(x) - f(x \oplus 2^{-j-1})]. \tag{8.1}$$

Die entsprechende WALSH-*Integration* ist dann als dyadische Faltung gegeben

$$(I_{\{1\}}f)(x) = (f * W_1)(x) \tag{8.2}$$

mit $W_1(x) = 1 + \sum_{k=1}^{\infty} \psi_k(x)/k$.

Mit den Begriffen (8.1) und (8.2) wird der sogenannte WALSH-Infinitesimalkalkül aufgebaut.

Wie schon in der Einleitung erwähnt, weist dieser Kalkül viele Parallelen zu der in dieser Arbeit behandelten HAARschen Infinitesimalrechnung auf. So sind z. B. die HAAR- und die WALSH-Ableitung als unendliche Summen von gewichteten Differenzen definiert (im Unterschied zur klassischen Ableitung), während beide Integrale als dyadische Faltung eingeführt werden. Eine weitere Parallele besteht darin, daß die HAAR-Funktionen im HAARschen Sinne beliebig oft differenzierbar sind und die WALSH-Funktionen im Sinne von (8.1). Ein Grund für diese Gemeinsamkeiten ist die enge Verwandtschaft der beiden Systeme. So läßt sich z. B. jede HAAR-Funktion als endliche Linearkombination von WALSH-Funktionen darstellen und umgekehrt (siehe [19, 20]; für eine Beschreibung dieses Zusammenhanges mittels der dyadischen Entwicklung siehe [14]). Eine Gegenüberstellung der beiden Kalküle folgt in Tabelle 1 (siehe auch [21].

Es sei noch bemerkt, daß man grundsätzlich für jedes Orthogonalsystem mit ähnlichen Methoden wie den hier benutzten einen Infinitesimalkalkül aufbauen kann. Natürlich ist dieser von System zu System verschieden. Der Grund, warum wir gerade die Infinitesimalkalküle untersuchen, die auf dem HAAR- bzw. WALSH-System basieren, liegt darin, daß diese Systeme sehr eng mit der dyadischen Gruppe bzw. mit der binären Darstellung von Zahlen zusammenhängen. Daher ist die HAAR- bzw. WALSH-Infinitesimalrechnung digitalen Systemen besser angepaßt als die klassische Infinitesimalrechnung. Für Anwendungen unter anderem auf Multiplexbildung digitaler Signale, zwei-dimensionale Sequenzfilter für Bildübertragung und auf Radar siehe H. F. HARMUTH [22] und H. HÜBNER [23].

Tabelle 1

HAAR		WALSH
$\{\chi_k(x)\}_{k=0}^{\infty}$		$\{\psi_k(x)\}_{k=0}^{\infty}$
$f^\wedge(k) = \int_0^1 f(u)\,\chi_k(u)\,du \qquad (k \in P)$		$f_W^\wedge(k) = \int_0^1 f(u)\,\psi_k(u)\,du \qquad (k \in P)$
$s_{2^n}(f, x) = \sum_{k=0}^{2^n-1} f^\wedge(k)\,\chi_k(x)$	$=$	$s_{2^n}^{(W)}(f, x) = \sum_{k=0}^{2^n-1} f_W^\wedge(k)\,\psi_k(x)$
$f_h(x) = 2s_{2^n}(f, x) - s_{2^{n+1}}(f, x), \qquad h \in \left[\frac{1}{2^{n+1}}, \frac{1}{2^n}\right)$		$f(x \oplus h)$
$(D^{[1]}f)(x) = \frac{1}{3}\left\{\sum_{j=0}^{\infty} 2^j[f(x) - f_{2^{-j-1}}(x)] + \left[f(x) - \int_0^1 f(u)\,du\right]\right\}$		$f^{\{1\}}(x) = \frac{1}{2}\sum_{j=0}^{\infty} 2^j[f(x) - f(x \oplus 2^{-j-1})]$
$(I_{[1]}f)(x) = (f * K_1)(x)$		$(I_{\{1\}}f)(x) = (f * W_1)(x)$
$K_1(x) = 1 + \sum_{k=0}^{\infty} 2^{-k/2}\chi_{2^k}(x) \qquad$ f.ü.		$W_1(x) = 1 + \sum_{k=1}^{\infty} \frac{\psi_k(x)}{k} \qquad$ f.ü.

Diese Arbeit wurde im Rahmen der Forschungsgruppe Informatik Nr. 14 an der RWTH Aachen durchgeführt.

Literatur

1 CHENG, DAVID K.; LIN, J. J., WALSH transform analysis of discrete linear systems. In: ZEEK, R. W.; SHOWALTER, A. E. (ed.): Applications of WALSH Functions, Proc. Sympos. Catholic University of America, Washington, D.C., April 16—18, 1973, 61—65.
2 AHMED, N.; RAO, K. R., Orthogonal Transforms for digital Signal Processing, Berlin-Heidelberg-New York: Springer 1975.
3 DURRANI, T. S.; STAFFORD, E. M., Hardware applications of WALSH functions, Internat. J. Electronics 33, 53—65 (1972).
4 PICHLER, F. R.; MARSHALL, J. E.; GIBBS, J. E., A system-theory approach to electrical measurements. In: LINES, P. D. (ed.): Theory and Applications of WALSH and other Non-Sinusoidal Functions, Proc. Sympos. Hatfield Polytechnic, June 28—29, 1973.
5 BUTZER, P. L.; WAGNER, H. J., WALSH-FOURIER series and the concept of a derivative, Applicable Analysis 3, 29—46 (1973).
6 BUTZER, P. L.; WAGNER, H. J., A new calculus for WALSH functions with applications. In: LINES, P. D. (ed.): Theory and Applications of WALSH and other Non-Sinusoidal Functions, Proc. Sympos. Hatfield Polytechnic, June 28—29, 1973.
7 BUTZER, P. L.; WAGNER, H. J., On dyadic analysis based on the pointwise dyadic derivative, Analysis Mathematica 1, No. 3, 171—196 (1975).
8 GIBBS, J. E.; MILLARD, M. J., WALSH functions as solution of a logical differential equation, NPL: DES Rept. No. 1, 1969.
9 GIBBS, J. E., Differentation and frequency on the dyadic group, NPL: DES Rept. No. 18, 1975.
10 HAAR, A., Zur Theorie der orthogonalen Funktionensysteme, Math. Ann. 69, 331—371 (1910).
11 UL'JANOV, P. L., On HAAR series (russisch). Mat. Sbornik (N.S.) 63 (105), 356—391 (1964).
12 FINE, N. J., On the WALSH functions, Trans. Amer. Math. Soc. 69, 372—414 (1949).
13 MORGENTHALER, G. W., On WALSH-FOURIER series, Trans. Amer. Math. Soc. 84, 472—507 (1957).
14 SPLETTSTÖSSER, W., Ein HAARscher Infinitesimalkalkül mit Anwendungen. Rhein.-Westf. Technische Hochschule Aachen, 1975.
15 GOLUBOV, B. I., Series with respect to the HAAR system, Itogi Nauki, Ser. Mat. (Mat. Anal. 1970), 109—146 (1971).
16 CIESIELSKI, Z., Properties of the orthonormal FRANKLIN system II, Studia Math. 27, 289—323 (1966).
17 SCHAUDER, J., Eine Eigenschaft des HAARschen Orthogonalsystems. Math. Z. 28, 317—320 (1928).
18 BUTZER, P. L.; SCHERER, K., Über die Fundamentalsätze der klassischen Approximationstheorie in abstrakten Räumen. In: BUTZER, P. L.; NAGY, B. Sz. (Hrsg.): Abstract Spaces and Approximation, Proceedings of the Oberwolfach Conference, 1968. Basel: Birkhäuser ISNM 10, 113—125 (1969).
19 ALEXITS, G., Konvergenzprobleme der Orthogonalreihen, Budapest: Akadémiai Kiadó 1960.
20 KACZMARZ, S.; STEINHAUS, H., Theorie der Orthogonalreihen, Second Edition, New York: Chelsea Publishing Company 1951.
21 BUTZER, P. L.; SPLETTSTÖSSER, W.; WAGNER, H. J., On the role of WALSH and HAAR functions in dyadic analysis. In: HÜBNER, H. (ed.): Proceedings of the Special Session on Sequency Techniques 1975 (In Cooperation with the First Symposium and Technical Exhibition on Electromagnetic Compatibility, Montreux, 20.—22. 5. 1975) Darmstadt, 1—6 (1975).
22 HARMUTH, H. F., Research and development in the field of WALSH functions and sequency theory. In: Advances in Electronics and Electron Physics, Vol. 36, 195—264, N.Y.: Academic Press 1974.
23 HÜBNER, H., Signalmultiplexbildung in Korrelation- und Matrixvielfach. In: Proc. Sympos. on Theory and Applications of WALSH and other Non-Sinusoidal Functions, Hatfield, Herts., England 1975.

Eingereicht am 5. 4. 1976, revidierte Fassung am 18. 6. 1976

Anschriften: W. SPLETTSTÖSSER, Dr. H. J. WAGNER, Lehrstuhl A für Mathematik, Rheinisch-Westfälische Technische Hochschule Aachen, Templergraben 55, D-5100 Aachen, BRD

ZAMM 57, 543 – 547 (1977)

H. Bauch

Zur intervallanalytischen Lösungseinschließung bei charakteristischen Anfangswertproblemen mit hyperbolischer Differentialgleichung $z_{st}=f(s, t, z)$

Zur Lösung von Anfangswertproblemen bei gewöhnlichen Differentialgleichungen lassen sich iterative Verfahren verwenden, die auf der Defektmethode basierend die Konstruktion numerisch sicherer Fehlerschranken hoher Genauigkeit bei relativ geringem Rechenaufwand ermöglichen. Derartige Verfahren können in analoger Weise auch zur Lösung des charakteristischen Anfangswertproblems bei hyperbolischen Differentialgleichungen der Gestalt $z_{st}(s, t) = f(s, t, z(s, t))$ eingesetzt werden. Unter relativ schwachen Voraussetzungen an das Ausgangsproblem entsteht eine linear konvergente Folge inklusionsmonotoner Intervallfunktionen, die sämtlich den gesuchten Fehler — und damit die Lösung des Problems — sicher einschließen.

To solve initial value problems for ordinary differential equations it is possible to apply iterative procedures, which, being based on the method of defects, allow the concentration of numerical sure error bounds of high exactness and with relatively little calculative effort. It is possible, too, to use such procedures in an analogous manner to solve the characteristic initial value problem for hyperbolic differential equations of the form $z_{st}(s, t) = f(s, t, z(s, t))$. Under relatively weak conditions a linearly convergent sequence of interval functions occurs, where the functions are monotonic with respect to inclusion, and all of which include the error, which was searched, i.e. the solution of the problem.

Для решения краевых задач обыкновенных дифференциальных уравнений можно использовать такие итеративные методы, которые, базируясь на методе дефекта, делают возможной конструкцию численно гарантированных границ погрешностей с высокой точностью при относительно малой затрате вычислительного времени. Такого рода методы аналогичным образом можно применять также и для решения характеристической краевой задачи, соответствующей гиперболическому дифференциальному управнению вида $z_{st}(s, t) = f(s, t, z(s, t))$
При выполнении довольно слабых предположений относительно исходной задачи возникает линейно сходящаяся последовательность функций на интервалах, удовлетворяющих условию монотонного включения. Эта последовательность включает в себя все искомые погрешности и, тем самым, и решение задачи.

1. Problemstellung

Vorgelegt sei das charakteristische Anfangswertproblem (AWP) bei hyperbolischen Differentialgleichungen mit 2 unabhängigen Variablen $(t_1, t_2) \in [0, b\nu] \times [0, b]$

$$DDz(t_1, t_2) := \frac{\partial^2 z}{\partial t_1\, \partial t_2}(t_1, t_2) = f(t_1, t_2, z(t_1, t_2))\,, \tag{1.1}$$

mit den Anfangsbedingungen

$$z(t_1, 0) = x(t_1)\,, \qquad z(0, t_2) = y(t_2)\,, \qquad x(0) = y(0) = y_0\,, \qquad x, y \text{ stetig differenzierbar über } [0, b].$$

Für die Lösung z^* von (1.1) sei eine über $[0, b] \times [0, b]$ stetig partiell differenzierbare reellwertige Funktion u bekannt, die als *Näherung* für z^* Verwendung findet. Gesucht werden *Schranken für den Fehler*

$$e(t_1, t_2) := z^*(t_1, t_2) - u(t_1, t_2)\,, \qquad (t_1, t_2) \in [0, b] \times [0, b]\,, \tag{1.2}$$

die sich bei vertretbarem Rechenaufwand durch hohe Genauigkeit auszeichnen und nicht durch Rundungsfehlereinflüsse verfälscht sind.

Die Lösung dieses Problems wird im folgenden unter Ausnutzung gewisser Analogien zwischen der Aufgabe (1.1) und dem AWP bei gewöhnlichen Differentialgleichungen 1. Ordnung

$$y'(t) = f(t, y(t)), \qquad y(0) = y_0\,, \qquad t \in [0, b] \tag{1.3}$$

nach der Defektmethode gewonnen und zwar durch iterative Lösung einer Fixpunktaufgabe für die Fehlereinschließungen (1.2), welches Vorgehen bereits in [1] und [3] für die Aufgabe (1.3) beschrieben wurde. Die hierzu erforderlichen theoretischen Hilfsmittel, Bezeichnungen, Definitionen usw. sind im folgenden Abschnitt zusammengefaßt.

2. Intervallanalytische Grundlagen

Die grundlegenden Gesetzmäßigkeiten der Intervallrechnung werden im folgenden als bekannt vorausgesetzt, man vergl. hierzu auch [1], [4], [5].

Bezeichnung: $CC_n(A)$ bezeichne im folgenden die Menge aller auf einem abgeschlossenen Rechteck $A = [a, b] \times [c, d] \subset R^2$ definierten, auf ganz A stetigen intervallvektorwertigen Funktionen mit n Komponenten.

Der metrische Raum $(CC_n(A), rr_n)$: In Verallgemeinerung der Morgenstern-Metrik für Funktionen aus $C(a, b)$

$$\varrho(x, y) := \sup_{t\in[a,b]} \left(e^{-\alpha|t-a|} \cdot |x(t) - y(t)|\right), \quad \alpha > 0, \text{ frei wählbar}, \ x, y \in C(a, b), \tag{2.1}$$

und einer entsprechenden Metrik für Funktionen aus $\tilde{C}_n(a, b)$, der Menge aller über $[a, b]$ definierten, stetigen intervallvektorwertigen Funktionen mit n Komponenten, man vergleiche hierzu [2], erhält man für Funktionen aus $CC_n(a, b)$ die **Metrik**

$$rr_n : CC_n(A) \times CC_n(A) \to R^+ , \tag{2.2}$$

mit

$$rr_n(x, x) := \sup_{(t_1,t_2)\in A} \left(e^{-\alpha(|t_1-a|+|t_2-c|)} \max_{1\leq k\leq n} \max_{i=1,2} |x_{i,k}(t_1, t_2) - y_{i,k}(t_1, t_2)| \right).$$

Der durch (2.2) festgelegte metrische Raum $(CC_n(A), rr_n)$ ist vollständig.

3. Fehlereinschließung nach der Defektmethode

Im folgenden beschränken wir uns in (1.1) zunächst auf den Fall einer Differentialgleichung, d. h. in (2.2) gilt $n = 1$. Auf Grund der Tatsache, daß für die Lösung z^* von (1.1) eine Näherungsfunktion u bekannt ist, bietet sich zur Bestimmung von Fehlerschranken die Defektmethode an. Unter entsprechenden Voraussetzungen an die rechte Seite der Differentialgleichung (1.1) erhält man mit den Bezeichnungen

$$\begin{aligned} DDe(t_1, t_2) &= DDz^*(t_1, t_2) - DDu(t_1, t_2) \\ &= f(t_1, t_2, z^*(t_1, t_2)) - f(t_1, t_2, u(t_1, t_2)) + d(t_1, t_2) , \end{aligned} \tag{3.1}$$

$$d(t_1, t_2) = f(t_1, t_2, u(t_1, t_2)) - DDu(t_1, t_2) \quad (\textit{Defekt}) \tag{3.2}$$

nach Taylor-Entwicklung von (3.1) bzgl. $z^* = u + e$ für die Ableitung des *Fehlers* e die Beziehung

$$DDe(\cdot) = f_z(\cdot , u(\cdot))\, e(\cdot) + f_{zz}(\cdot , u(\cdot) + \vartheta e(\cdot)) \frac{e^2(\cdot)}{2} + d(\cdot) , \qquad \vartheta \in [0, 1] . \tag{3.3}$$

Für das Argument (t_1, t_2) wurde hier zur Abkürzung $(\cdot)$ geschrieben.

Aus (3.3) lassen sich nun durch entsprechende Abschätzungen Inklusionsbeziehungen herleiten, deren intervallanalytische Auswertung Schranken für den Fehler (1.2) des AWP (1.1) liefert. Hierzu kann der folgende Einschließungssatz angegeben werden.

3.1. Einschließungssatz

A bezeichne im folgenden das Quadrat $[0, b] \times [0, b] \subset R^2$ und $(CC(A), rr)$ den vollständigen metrischen Raum $(CC_1(A), rr_1)$ der über $A = [0, b] \times [0, b]$ definierten, stetigen intervallwertigen Funktionen. Mit diesen Bezeichnungen gilt der folgende

Satz 1: Voraussetzungen

1. *Für das* AWP (1.1) *existiere eine Funktion* Y *aus* $CC(A)$ *mit über* A *stetig partiell differenzierbaren Begrenzungsfunktionen* y_1 *und* y_2, *so daß* f *und die partiellen Ableitungen von* f *nach* z, f_z *und* f_{zz}, *in*

$$D_0(Y) := \{(t_1, t_2, z(t_1, t_2)) : (t_1, t_2) \in A \textit{ und } z(t_1, t_2) \in Y(t_1, t_2)\}$$

stetig sind. $D(A)$ *bezeichne die Menge der über* A *stetig partiell differenzierbaren reellwertigen Funktionen, deren graphische Bilder in* $D_0(Y)$ *liegen.*

2. *Es gebe über* $[0, b]$ *stetig differenzierbare Funktionen* x, y, *eine Funktion* $u \in D(A)$, *die* (1.1) *näherungsweise löst, und Funktionen* G, H *und* D *aus* $CC(A)$ *mit folgenden Eigenschaften für alle* $(t_1, t_2) \in A$:

(i0)
$$I_1(t_1, t_2) := \int_0^{t_1} G(s_1, t_2)\, ds_1 , \qquad I_1(0, t_2) = [0, 0] ,$$

$$I_2(t_1, t_2) := \int_0^{t_2} G(t_1, s_2)\, ds_2) , \qquad I_2(t_1, 0) = [0, 0] ,$$

$$I_{12}(t_1, t_2) := \int_0^{t_2}\int_0^{t_1} G(s_1, s_2)\, ds_1\, ds_2 ,$$

$$\frac{\partial e}{\partial t_1}(t_1, 0) \in \frac{dx(t_1)}{dt_1} - \frac{\partial u}{\partial t_1}(t_1, 0) + I_1(0, t_2) ,$$

$$\frac{\partial e}{\partial t_2}(0, t_2) \in \frac{dy(t_2)}{dt_2} - \frac{\partial u}{\partial t_2}(0, t_2) + I_2(t_1, 0) ;$$

(i1) $H(t_1, t_2) = x(t_1) - u(t_1, 0) + y(t_2) - u(0, t_2) - y_0 + u_0 + I_{12}(t_1, t_2)$;

(i2) $f(t_1, t_2, u(t_1, t_2)) - DDu(t_1, t_2) \in D(t_1, t_2)$;

(i3) *mit der Abkürzung* $(\cdot)$ *für* (t_1, t_2) *und*

$$LH(\cdot) := f_z(\cdot, u(\cdot)) \cdot H(\cdot) + \bar{f}_{zz}(\cdot, u(\cdot) + [0, 1]\, H(\cdot)) \frac{H^2(\cdot)}{2} + D(\cdot)$$

gelte

$$LH(t_1, t_2) \subset G(t_1, t_2) ;$$

(i4) $u(t_1, t_2) + [0, 1] \cdot H(t_1, t_2) \subset Y(t_1, t_2)$.

Behauptung

Dann besitzt das AWP (1.1) *genau eine Lösung* $z^* \in D(A)$, *und es gelten für alle* $(t_1, t_2) \in A$ *die Fehlereinschließungen:*

(e1) $$e(t_1, t_2) \in H(t_1, t_2) ;$$

(e2) $$\frac{\partial e}{\partial t_1}(t_1, t_2) \in \frac{dx}{dt_1}(t_1) - \frac{\partial u}{\partial t_1}(t_1, 0) + I_2(t_1, t_2) ;$$

(e3) $$\frac{\partial e}{\partial t_2}(t_1, t_2) \in \frac{dy}{dt_2}(t_2) - \frac{\partial u}{\partial t_2}(0, t_2) + I_1(t_1, t_2) .$$

Der Beweis dieses Einschließungssatzes wird analog zu dem bei AWP gewöhnlicher Differentialgleichungen geführt, unter Berücksichtigung der Nichtnegativität des bestimmten Integrals für nichtnegative stetige Integrandenfunktionen; man vergleiche hierzu [1]. Es sei an dieser Stelle nochmals betont, daß auf Grund der intervallanalytischen Betrachtungsweise zum Beweis der Einschließungsaussagen keine Monotonieeigenschaften von f benötigt werden, im Gegensatz zu den in [6] bzw. [7] angegebenen Einschließungssätzen für die Aufgabe (1.3) bzw. (1.1), die Verallgemeinerungen eines in [9] angegebenen Einschließungssatzes darstellen. Diese Aussage gilt auch für AWP bei Systemen von Differentialgleichungen der Gestalt (1.1) bzw. (1.3).

Bemerkungen:

1.) In (i3) bedeutet $\bar{f}_{zz}$ die vereinigte Erweiterung von f_{zz} zu einer intervallwertigen Funktion im Sinne von MOORE [5].

2.) Unter Berücksichtigung des subdistributiven Gesetzes der Intervallrechnung kann die Forderung (i3) des Einschließungssatzes durch die schwächere Bedingung

$$H(\cdot)\,(f_z(\cdot, u(\cdot)) + \bar{f}_{zz}(\cdot, u(\cdot) + [0, 1]\,H(\cdot))\,\frac{H(\cdot)}{2} + D(\cdot) \subset G(\cdot) \tag{3.4}$$

ersetzt werden. Die Aussagen des Satzes 1 bleiben auch bei Verwendung von (3.4) erhalten.

3.) Mit Hilfe von Intervallpolynomen lassen sich unter besonderer Berücksichtigung von (i3) bzw. (3.4) erste, noch relativ grobe Fehlereinschließungsfunktionen H angeben, deren Durchmesser i.a. aber noch verkleinert werden muß. Im weiteren werden daher Möglichkeiten der iterativen Verbesserung dieser Einschließungen angegeben.

3.2. Ein Iterationsverfahren für Fehlereinschließungsfunktionen

Satz 2: *Es gelten die Voraussetzungen des Satzes* 1. H_0 *bezeichne eine im Sinne von Satz* 1 *zulässige Fehlereinschließungsfunktion hinreichend kleinen Durchmessers und* M *die Menge aller Einschließungsfunktionen* $H \subset H_0$ *gemäß Satz* 1.

Weiterhin existiere eine Konstante $K > 0$, *so daß für beliebige* $H_1, H_2 \in M$ *mit* $rr(H_1, H_2) > 0$ *gilt*

$$rr(LH_1, LH_2) \leqq K \cdot rr(H_1, H_2) . \tag{3.5}$$

Dann hat der Operator

$$T : M \to M \subset CC(A) \tag{3.6}$$

mit

$$TH(t_1, t_2) = x(t_1) - u(t_1, 0) + y(t_2) - u(0, t_2) - y_0 + u_0 + \int_0^{t_2}\int_0^{t_1} LH(s_1, s_2)\, ds_1\, ds_2 ,$$

für alle $(t_1, t_2) \in A$, *genau einen Fixpunkt* H^* *mit* $TH^* = H^*$ *in* $M \subset CC(A)$.

Zum Beweis des Satzes 2 bedient man sich des BANACHschen Fixpunktsatzes, wobei α in (2.3) so gewählt wird, daß $K/\alpha < 1$ gilt; man vergleiche hierzu auch [1].

Die mit dem Iterationsverfahren $H_{n+1} = TH_n$, $n = 0, 1, 2, \ldots$, bestimmten Fehlereinschließungsfunktionen H_n genügen damit den folgenden Eigenschaften (ohne Beweis):

1.1. *Mit* H_0 *sind automatisch alle weiteren* H_n, $n \geqq 1$, *Einschließungsfunktionen gemäß Satz* 1.

1.2. *Die* H_n *bilden eine inklusionsmonotone Folge, d. h.*

$$H_{n+1}(t_1, t_2) \subset H_n(t_1, t_2)\,, \quad \text{für alle} \quad (t_1, t_2) \in A.$$

Diese Eigenschaft folgt bereits aus den Voraussetzungen des Einschließungssatzes.

2. *Wegen* $rr(H_{n+1}, H^*) = rr(TH_n, TH^*) \leqq (K/\alpha)\, rr(H_n, H^*)$ *ist die Folge* $(H_n)_{n \in N}$ *linear metrisch-konvergent.*

3. *Der Durchmesser der Einschließungsfunktionen wird entscheidend durch die Bedingung* (i3) *aus Satz* 1 *und durch* (3.5) *sowie die Güte der Anfangsbedingungen (kleiner Durchmesser), beeinflußt, vor allem dann, wenn mehrere Integrationsschritte hintereinander auszuführen sind, bis die Differentialgleichung* (1.1) *bis* $(t_1, t_2) = (b, b)$ *integriert ist.*

Entsprechende Einschließungsaussagen erhält man für die ersten partiellen Ableitungen von e nach t_1 bzw. t_2, wenn G in I_1 bzw. I_2 durch LH substituiert und anschließend wie beschrieben iteriert wird.

Bemerkungen:

1. Satz 2 hat auch für Systeme von AWP der Gestalt (1.1) Gültigkeit.
2. Wird das oben beschriebene Iterationsverfahren für die praktische Rechnung auf einer EDVA aufbereitet, so ist eine gewisse Vergröberung der Einschließungsfunktionen in jedem Iterationsschritt zu empfehlen; man vergleiche hierzu auch [1], [3].

3.3. Numerische Resultate

Mit dem Verfahren aus Abschnitt 3.2. wurden umfangreiche Testrechnungen durchgeführt, die bei Vorliegen einer ersten Fehlereinschließung H_0 zu guten Ergebnissen führten, wenn scharfe Einschließungen für den Defekt und die Anfangsbedingungen angegeben werden konnten. Ein Verfahren, bei dem diese Schwierigkeiten nicht mehr auftreten, wird zur Zeit erprobt. Die folgenden drei Beispiele wurden zu Demonstrationszwecken besonders einfach gewählt.

Beispiel 1:

$$z_{st}(s, t) = f(s, t, z(s, t)) = \frac{-z(s, t)}{(1 + s)},$$

$$x(s) = 1 + s,$$

$$y(t) = e^{-t}, \qquad (s, t) \in [0, 2] \times [0, 2] = A.$$

Die exakte Lösung z^* ist bekannt, man erhält

$$z^*(s, t) = (1 + s) \cdot e^{-t}, \qquad (s, t) \in A.$$

Für das Beispiel 1 läßt sich mit

$$u(s, t) = (1 + s)\left(1 - t + \frac{t^2}{2}\right)$$

und

$$H_0(s, t) = (1 + s)\left(-\frac{t^3}{3!} + \frac{t^4}{4!} + \left[-1, -\frac{1}{2}\right]\frac{t^5}{5!}\right)$$

für alle $(s, t) \in A$ die Gültigkeit der Voraussetzungen der Sätze 1 und 2 nachweisen. Das Iterationsverfahren (3.7) liefert für das Beispiel 1 nach 13 Iterationsschritten (mit Vergröberungen) mit der Arbeitsschrittweite $h = 2.0$ in s- bzw. t-Richtung die folgenden Einschließungsintervalle:

s	t	Lösungseinschließung	$u(s, t) + H(s, t)$
0	0	1.000000 00000	1.000000 00000
1	0	2.000000 00000	2.000000 00000
2	0	3.000000 00000	3.000000 00000
0	1	0.367879 441171	0.367879 441172
1	1	0.735758 882342	0.735758 882344
2	1	1.103638 32351	1.103638 32352
0	2	0.135335 283233	0.135335 283239
1	2	0.270670 566466	0.270670 566478
2	2	0.406005 849699	0.406005 849717

Für die ersten partiellen Ableitungen von z^* entstehen Einschließungsintervalle entsprechender Größenordnung.

Beispiel 2 (Singularität):

$$z_{st}(s, t) = f(s, t, z) = \frac{z^2}{(1 + t)^2},$$

$$x(s) = (1 - s)^{-1},$$

$$y(t) = 1 + t, \qquad (s, t) \in A = [0, 1) \times [0, 1].$$

Mit $u(s, t) = (1 + t)(1 + s + s^2)$, $H_0(s, t) = (1 + t) \cdot [1, 10]\, s^3$, $h_t = 1.0$ und $h_s = 2^{-n}$, $n = 1, 2, \ldots, 7$, erhält man folgende Lösungseinschließungen für $z^*(s, t) = \dfrac{1 + t}{1 - s}$:

s	$z^*(s, 1)$	Lösungseinschließung	$u(s, 1) + H(s, 1)$
0	2.0	2.000000 00000	2.000000 00000
0.2	2.5	2.499999 99999	2.500000 00001
0.4	3.3...	3.333333 33333	3.333333 33334
0.6	5.0	4.999999 99999	5.000000 00001
0.8	10.0	9.999999 99996	10.000000 0012
0.85	13.3...	13.333333 3309	13.333333 3361
0.9	20.0	19.999999 9988	20.000000 0035
0.95	40.0	39.999999 9775	40.000000 1037
0.96	50.0	49.999997 6...	50.000018 3...
0.97	66.6...	66.666650	66.666690 ....
0.98	100.0	99.99956.	100.0021. ....
0.99	200.0	199.898...	200.36.... ....

Beispiel 3:

$$z_{st} = f(s, t, z) = \frac{z}{1+t}\left(1 - \frac{z}{1+t}\right), \quad \text{mit}$$

$$z(s, 0) = x(s) = \frac{e^{s-1}}{1 + e^{s-1}},$$

$$z(0, t) = y(t) = (1 + t) \cdot \frac{e^{-1}}{1 + e^{-1}}; \qquad (s, t) \in [0; 1{,}5] \times [0; 1{,}0] = A .$$

Die exakte Lösung z^* ist bekannt, es gilt:

$$z^*(s, t) = (1 + t) \cdot \left[1 - \frac{1}{1 + e^{s-1}}\right], \qquad (s, t) \in A .$$

Mit der Näherung

$$u(s, t) = (1 + t) \cdot \frac{s}{1 + s}, \quad \text{für} \quad (s, t) \in A$$

und der Fehlereinschließung

$$H_0(s, t) = (1 + t) \cdot \left[\frac{s + (s - 1)^2 \cdot A_1}{P(s)} - \frac{s}{1 + s}\right],$$

$P(s)$ Intervallpolynom, das $\frac{x(s)}{e^{s-1}}$ möglichst scharf einschließt, A_1 z. B. $[-5{,}5]$,

erhält man für die Lösungseinschließungen $u(s, t) + H(s, t)$ folgende Durchmesser

t	s	$z^*(s, t)$	$w(u(s, t) + H(s, t)) * 10^8$
0	0.5	0.3775 4066	2
	1.0	0.5000 0000	3
	1.5	0.6224 5934	5
0.5	0.5	0.5663 1098	2
	1.0	0.7500 0000	4
	1.5	0.9336 8901	7
1.0	0.5	0.7550 8130	3
	1.0	1.0000 000	6
	1.5	1.2449 187	13

Abschließend sei bemerkt, daß die Beispiele 1 und 2 auf der Anlage BESM-6 des RZ der TU Dresden und das Beispiel 3 auf einer EDVA R 300 (unter Verwendung von Codeprozeduren zur Realisierung der jeweiligen Maschinenintervallarithmetik) gerechnet wurden.

Literatur

1 BAUCH, H., Lösungseinschließung bei Anfangswertaufgaben gewöhnlicher Differentialgleichungen mit Hilfe intervallanalytischer Methoden, Dissertation, TU Dresden 1974.

2 BAUCH, H., Zur Konvergenz monotoner Intervallfolgen und monotoner Folgen intervallwertiger Funktionen, ZAMM 55, 605—606 (1975).

3 BAUCH, H., Zur Lösungseinschließung bei Anfangswertaufgaben gewöhnlicher Differentialgleichungen nach der Defektmethode, ZAMM 57, 387—396 (1977).

4 KULISCH, U., Grundzüge der Intervallrechnung. In LAUGWITZ, D., Überblicke der Mathematik, Band 2, HTB BI Mannheim, 1969, S. 51—98.

5 MOORE, R. E., Interval Analysis, Prentice Hall, Inc. Englewood Cliffs, New Jersey 1966.

6 WERNER, CH., Fehlerabschätzungen bei Anfangswertproblemen gewöhnlicher Differentialgleichungen, Diplomarbeit, TU Dresden 1973.

7 SCHNERR, F., RUNGE-KUTTA-Verfahren und Fehlerabschätzungen für das charakteristische Anfangswertproblem bei einer hyperbolischen Differentialgleichung 2. Ordnung $z_{xy} = f(x, y, z)$, Dissertation, TU Dresden 1975.

8 SCHNERR, F., Verbesserte Fehlereingrenzungen für das charakteristische Anfangswertproblem einer hyperbolischen Differentialgleichung $z_{xy} = f(x, y, z)$, Wiss. Z. TU Dresden 24, 955—963 (1975).

9 SCHOLZ, S., Fehlerabschätzung und Genauigkeitssteigerung bei RUNGE-KUTTA-Verfahren, Dissertation, TU Dresden 1970.

Eingereicht am 15. 1. 1976, revidierte Fassung am 28. 7. 1976

Anschrift: Dr. rer. nat. H. BAUCH, 801 Dresden, Erich-Weinert-Str. 22, DDR

ZAMM 57, 549 – 552 (1977)

H. STOYAN / D. STOYAN

Bounds for the Probability of Wait in M/G/s Queues

Ausgehend von der Kenntnis der Randverteilung des Wartezeitenvektors werden mittels linearer Optimierung Schranken für die Wahrscheinlichkeit dafür, daß eine Forderung in M/G/s warten muß, ermittelt.

Using knowledge of the marginal distributions of the waiting time vector, bounds for the probability that a customer in M/G/s has to wait are obtained with the help of linear programming methods.

С помощью маргинального распределения вектора длительностей ожидания и методов линейной оптимизации даются оценки для вероятности, что в системе массового обслуживания M/G/s требованию надо ждать.

1. Introduction

An important queue characteristic of M/G/s queues is the *stationary probability of wait* p_W, i.e. the probability that in stationary case an arriving customer finds all servers busy. Exact formulae for p_W exist only in special cases, e.g. for M/M/s and M/D/s. For general systems only bounds or approximations are known, especially

$$p_W \geqq 1 - \sum_{i=0}^{s-1} \frac{\varrho^i}{i!} \exp(-\varrho); \quad \text{see [5]} \tag{1.1}$$

and

$$p_W \approx p_W(\mathrm{M/M/}s); \quad \text{see [2], [6]} \tag{1.2}$$

where $\varrho = \lambda m_B$ (λ = intensity of the arrival process, m_B = mean service time) and $p_W(\mathrm{M/M/}s)$ is the probability of wait in the M/M/s queue with the same λ and m_B as the M/G/s queue considered. Of course, $\varrho < s$ is assumed.

In this paper an upper bound for p_W is given which is of sufficient accuracy for small and middle ϱ/s, and also a lower bound is given which is better than (1.1) for ϱ/s near 1. In the proofs mainly the knowledge of the marginal distributions of the waiting time vector is used which is a consequence of a result of BRUMELLE [1].

2. The marginal distribution of the waiting time vector

Let $\boldsymbol{w} = (w_1, \ldots, w_s)$ be the vector of remaining work of the servers $1, \ldots, s$ in a GI/G/s queue in stationary case in an arrival instant. The w_i ($i = 1, \ldots, s$) are identically distributed, if we assume that in case of more than one idle servers an arriving customer is assigned with equal probability to each of the idle servers.

As proved BRUMELLE [1], w_1 has the same distribution as the stationary waiting time in the following single-server queue GI/G/1. Its interarrival times are the same as in the GI/G/s queue, but the service times have the distribution function B_1,

$$B_1(t) = \frac{s-1}{s} + \frac{1}{s} B(t), \quad 0 \leqq t < \infty, \tag{2.1}$$

where B is the service time distribution function in the s-server system.

In case of POISSON input the stationary virtual waiting time distribution function of this queue and of an M/G/1 queue Σ with the arrival rate λ/s and the service time distribution function B are equal. Because of the equality of stationary virtual and actual waiting time distribution functions in M/G/1 queues, the random variable w_1 has the same distribution function as the stationary waiting time in Σ. Consequently,

$$\mathsf{P}(w_1 = 0) = 1 - \frac{\varrho}{s}, \tag{2.2}$$

$$\mathsf{P}(w_1 > 0) = \frac{\varrho}{s}. \tag{2.3}$$

Let random variables X_i^* ($i = 1, \ldots, s$) be defined by

$$X_i^* = \begin{cases} 0; & w_i = 0 \\ 1; & w_i > 0 . \end{cases}$$

The distribution of $\boldsymbol{X}^* = (X_1^*, \ldots, X_s^*)$ then determines p_W because of

$$p_W = \mathsf{P}(X_1^* = \cdots = X_s^* = 1) .$$

(2.2) yields

$$\mathsf{P}(X_1^* = 1) = \cdots = \mathsf{P}(X_s^* = 1) = \frac{\varrho}{s}. \tag{2.4}$$

3. The bounds

We obtain bounds for p_W by determining distributions of s-dimensional random vectors $\boldsymbol{X} = (X_1, \dots, X_s)$ with extremal probabilities $\mathsf{P}(X_1 = \dots = X_s = 1)$, and with the following properties

(i) $$\mathsf{P}(X_1 = 1) = \dots = \mathsf{P}(X_s = 1) = \frac{\varrho}{s}, \tag{3.1}$$

(ii) $$\mathsf{P}(X_1 = 0) = \dots = \mathsf{P}(X_s = 0) = 1 - \frac{\varrho}{s}. \tag{3.2}$$

(iii) The probabilities $\mathsf{P}(X_1 = i_1, \dots, X_s = i_s)$ depend only on the number of i_j's which are equal to 0 or 1.

We denote

$$\mathsf{P}_0 = \mathsf{P}(X_1 = \dots = X_s = 0)\,,$$
$$\mathsf{P}_1 = \mathsf{P}(X_1 = 1,\ X_2 = \dots = X_s = 0)\,,$$
$$\dots$$
$$\mathsf{P}_s = \mathsf{P}(X_1 = \dots = X_s = 1)\,.$$

Lower bound:

$$p_W \geqq \max\{0, 1 - s + \varrho\}\,. \tag{3.3}$$

Proof. We have to solve the simple linear program

$$\sum_{i=1}^{s} \binom{s-1}{i-1} \mathsf{P}_i = \frac{\varrho}{s}, \tag{3.4}$$

$$\sum_{i=0}^{s-1} \binom{s-1}{i} \mathsf{P}_i = 1 - \frac{\varrho}{s}, \tag{3.5}$$

$$0 \leqq \mathsf{P}_i; \quad i = 0, \dots, s\,, \tag{3.6}$$

$$\mathsf{P}_s \to \min!\,.$$

(The equations (3.4) and (3.5) are direct consequences of (3.1) and (3.2).)

Its solution is in case $\varrho \leqq s - 1$:

$$\mathsf{P}_0 = 1 - \frac{\varrho}{s} - \frac{\varrho}{s(s-1)}, \qquad \mathsf{P}_{s-1} = \frac{\varrho}{s(s-1)},$$

$$\mathsf{P}_i = 0; \quad i = 1, \dots, s-2,\ s\,,$$

and in case $\varrho > s - 1$:

$$\mathsf{P}_0 = \dots = \mathsf{P}_{s-2} = 0\,, \qquad \mathsf{P}_{s-1} = 1 - \frac{\varrho}{s}, \qquad \mathsf{P}_s = \varrho - s + 1\,.$$

Upper bounds:

(U1) $$p_W \leqq \frac{\varrho}{s}. \tag{3.7}$$

(3.7) is of value only for great ϱ (and in case $s = 1$, where it gives the exact p_W). It is given by the distribution

$$\mathsf{P}_0 = 1 - \frac{\varrho}{s}, \qquad \mathsf{P}_s = \frac{\varrho}{s}, \qquad \mathsf{P}_i = 0; \qquad i = 1, \dots, s-1\,.$$

Obviously, this is that distribution with marginal distribution (3.1), (3.2) with maximal value for P_s.

Upper bounds which are of more practical value can be obtained in the following way.

In [5] it was shown that the stationary number ν_s of customers in M/G/s is "greater" than the number ν_∞ in M/G/∞, i.e.

$$\mathsf{P}(\nu_s \leqq i) \leqq \mathsf{P}(\nu_\infty \leqq i); \qquad i = 0, 1, \dots\,. \tag{3.8}$$

Consequently, we obtain the "restrictions"

$$\mathsf{P}_0 \leqq \exp(-\varrho)\,,$$
$$\mathsf{P}_0 + s\mathsf{P}_1 \leqq (1 + \varrho)\exp(-\varrho)\,,$$
$$\sum_{j=0}^{i} \binom{s}{j} \mathsf{P}_j \leqq \sum_{j=0}^{i} \frac{\varrho^i}{i!} \exp(-\varrho); \qquad i = 0, \dots, s-2\,. \tag{3.9}$$

Solving the optimization problem

$$\mathsf{P}_s \to \max!$$

under the restrictions (3.4), (3.5), (3.6) and (3.9) (which is a linear program) yields the bounds for p_W tabulated in table 1. Comparison of the bounds for p_W in table 1 with the exact values for M/M/s and M/D/s shows that the error of the bounds (used for these systems) is less than 0,01 over the dotted line.

Table 1. Universal upper bounds for p_W in M/G/s

ϱ/s	s 1	2	3	4	5	6	7	8	9	10
0.1	.100	.019	.004	.001	.000	.000	.000	.000	.000	.000
0.2	.200	.070	.027	.011	.004	.002	.001	.000	.000	.000
0.3	.300	.149	.079	.043	.024	.014	.009	.005	.003	.001
0.4	.400	.249	.164	.110	.075	.052	.036	.025	.017	.012
0.5	.500	.368	.281	.217	.171	.135	.107	.085	.068	.054
0.6	.600	.501	.428	.369	.320	.277	.242	.207	.182	.157
0.7	.700	.647	.602	.546	.494	.449	.411	.378	.349	.321
0.8	.800	.800	.745	.706	.674	.646	.622	.599	.578	.554
0.9	.900	.900	.884	.876	.857	.843	.831	.820	.811	.800

The computations showed that for $s = 2, 3$; $4, \ldots, 7$; $8, \ldots, 10$ and $\varrho/s \leqq 0{,}7$; $\leqq 0{,}6$; $\leqq 0{,}5$, respectively, the bounds in table 1 can be obtained by the (relatively) simple analytical formula

$$\text{(U2)} \qquad p_W \leqq \varrho - s + 1 + \sum_{i=0}^{s-2} \frac{s-1-i}{i!} \varrho^i \exp(-\varrho) . \tag{3.10}$$

(3.10) *is an upper bound in any case, but not the best* (in the sense of our linear program) *for all* ϱ *and* s.

Proof of (3.10). Using (3.4) and (3.5) we obtain

$$\mathsf{P}_s = \varrho - s + 1 + \sum_{i=0}^{s-2} \frac{(s-1-i)\, s!\, \mathsf{P}_i}{i!\,(s-1)!} .$$

Because of

$$\sum_{i=0}^{s-2} \sum_{j=0}^{i} a_j = \sum_{i=0}^{s-2} (s-1-i)\, a_i ,$$

what is true for arbitrary a_j, we get summing up in (3.9) from $i = 0$ to $i = s - 2$

$$\mathsf{P}_s \leqq \varrho - s + 1 + \sum_{i=0}^{s-2} \frac{(s-1-i)\,\varrho^i}{i!} \exp(-\varrho)$$

and (3.10).

4. Numerical comparison for an example

We consider the case $s = 3$. Figure 1 shows the bounds (1.1), (3.3), (3.7), (3.10) and the values of table 1 in comparison with the exact values for p_W in M/D/3.

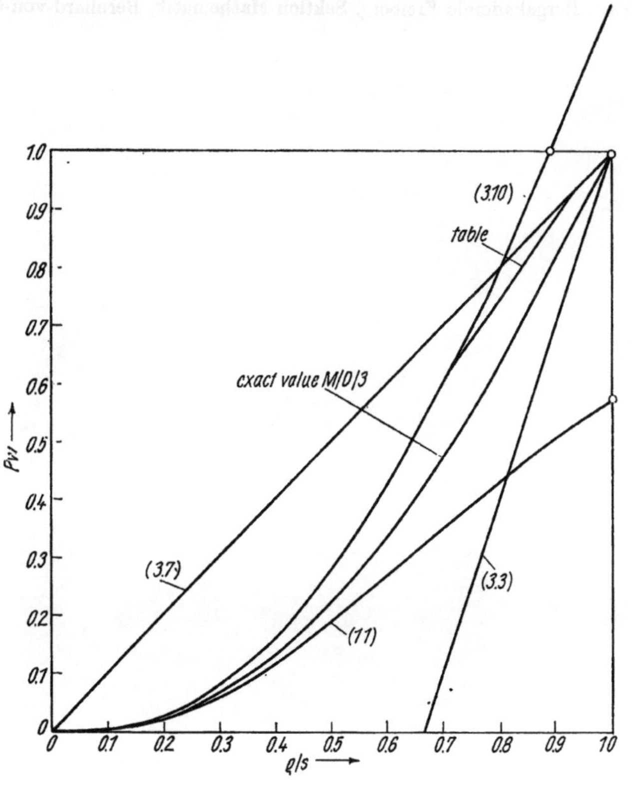

Figure 1. Bounds for p_W as function of ϱ/s

5. Remarks on bounds for more general queues

For GI/G/*s queues with non-*POISSON *input the following bounds for p_W are true.*

1) *If the interarrival time distribution function A is of type* NBUE (i.e. $A(x) \leqq \lambda \int_0^1 [1 - A(t)]\,dt$ for all x, see [4]), *then*

$$p_W \leqq \frac{\varrho}{s}. \tag{5.1}$$

Proof. MARSHALL [3] proved that in a single server queue with traffic intensity ϱ/s and NBUE interarrival times the probability of wait $p_{W,1}$ fulfills

$$p_{W,1} \leqq \frac{\varrho}{s}.$$

Using the result of BRUMELLE and the idea of the proof of (3.7) we obtain (5.1).

2) *For queues with* ERLANG *interarrival time distribution functions with parameters k and μ* (mean interarrival time $= k/\mu$) *the probability of wait fulfills*

$$p_W \geqq \max\{0, 1 - sk + \varrho k\}. \tag{5.2}$$

Proof. In [7] it is proved that in a single server queue of type $E_k/G/1$ with traffic intensity ϱ/s the probability of wait $p_{W,1}$ fulfills

$$p_{W,1} \geqq 1 - \left(1 - \frac{\varrho}{s}\right)k.$$

Similarly as in the proof of (3.3) and (5.1) we obtain (5.2).

References

1 BRUMELLE, S. L., Some inequalities for parallel-server queues, Operations Res. 19, 402–413 (1971).
2 KRAMPE, H.; KUBÁT, J.; RUNGE, W., Bedienungsmodelle, Verlag Die Wirtschaft, Berlin 1974.
3 MARSHALL, K. T., Some inequalities in queueing, Operations Res. 16, 651–665 (1968).
4 MARSHALL, A. W.; PROSCHAN, F., Classes of distributions applicable in replacement with renewal theory implications, Proc. Sixth Berkeley Symp. 1, 395–415 (1970).
5 STOYAN, D., Some bounds for many-server queues GI/G/s, Math. Operationsforsch. Statist. 5, 117–129 (1974).
6 STOYAN, D., Approximations for M/G/s queues, Math. Operationsforsch. Statist. 7, 587–594 (1976).
7 STOYAN, D.; FAINBERG, M. A., A further remark on a paper of K. T. Marshall on bounds for GI/G/1. (To appear in Math. Operationsforsch. Statist.)

Eingereicht am 18. 10. 1976

Anschrift: Dr. DIETRICH STOYAN; Dr. HELGA STOYAN, Bergakademie Freiberg, Sektion Mathematik, Bernhard-von-Cotta-Straße, DDR-92 Freiberg

KLEINE MITTEILUNGEN

ZAMM 57, 553 – 555 (1977)

M. SAMIR ABDELSALAM*)

A Reliability Model of Partially Parallel Systems

Abstract

A mathematical model is derived to simulate the operation of a system consisting of n identical elements and is needed for its survival operation at least m components to be operable. The analysis is carried out in case that the element failure rate is dependable on time and on the loading stresses. A practical example is given to show the solution.

Introduction

Many authors had derived the reliability function in case that the failures of the individual components in the system are independent. This is not the real case in actual systems. For example, an eight bolt pipe connection may produce acceptably small leakage even when a bolt is broken. However, each of the remaining seven bolts then bears a greater stress [1]. As an another example, consider a multiple disc pack clutch sharing a given load. If one element of the pack fails the load will be redistributed on the other elements, and consequently the failure rate for each element will be changed. This beside the relative slip between the elements in case of deformation of the failed element, which consequently increase rapidly the failure rate of the remaining elements.

The reliability function of partially parallel systems when assuming the independency among component failures is [2], [3]

$$R(t) = 1 - \frac{n!}{(n-m)! \cdot (m-1)!} \cdot \int_0^t h_i(x) \cdot R_i^m(x) \times \times [1 - R_i(x)]^{n-m} \cdot dx, \tag{1}$$

where $R_i(x)$ is the reliability of individual elements in the system, $h_i(x)$ is the hazard function of individual elements,

$$h_i(t) = \frac{-\,dR_i(t)/dt}{R_i(t)}. \tag{2}$$

Equation (1) is derived using the MARKOV processes when the individual elements have the same reliability $R_i(t)$. But in real systems the hazard function $h_i(t)$ of individual elements is not a function of time only but also of load variation. By this way the failures of individual elements are not independent.

Reliability in case of dependency among failures of individual elements in the system had been investigated by BIRNBAUM and SAUNDERS [4], under the assumption

$$h(t, \varphi) = c \cdot h_0(t) \cdot \varphi(t), \tag{3}$$

where $\varphi(t)$ is the stress variation at time t which can be defined as the ratio of operating to permissible stress for a single component in the system.

By this way the hazard function $h(t, \varphi)$ is a linear function of the stress variable $\varphi(t)$. BECKMANN [5] investigated the problem when the component failure rate is a general function of the stress variable,

$$h = h(\varphi), \tag{4}$$

by using the assumptions that a) the load on the system is constant, and b) the failure rate (4) is independent of time for a given φ, i.e. when φ is constant.

It is the aim of this paper to determine the reliability of partially parallel systems in case that the failure rate of individual elements is a general function of the stress variable and time.

Derivation of the Reliability Function

POISSON process which is the simplest of the discontinuous MARKOV processes [6] is generated even when n idential elements in the system have a general form of the failure rate $h(t)$, [7]. The differential equations of system states under the initial conditions

$$P_0(0) = 1,\ P_1(0) = P_2(0) = \cdots = P(n) = 0$$

are

$$\begin{aligned}
P_0'(t) &= -\,n h_0(t) \cdot P_0(t)\\
P_1'(t) &= n \cdot h_0(t) \cdot P_0(t) - (n-1) \cdot h_1(t) \cdot P_1(t)\\
P_2'(t) &= (n-1) \cdot h_1(t) \cdot P_1(t) - (n-2) \cdot h_2(t) \cdot P_2(t)\\
P_3'(t) &= (n-2) \cdot h_2(t) \cdot P_2(t) - (n-3) \cdot h_3(t) \cdot P_3(t)\\
&\cdots\cdots\cdots\\
P_i'(t) &= (n-i+1) \cdot h_{i-1}(t) - (n-i) \cdot h_i(t) \cdot P_i(t)\\
&\cdots\cdots\cdots\\
P_{n-m+1}'(t) &= m \cdot h_{n-m}(t) \cdot P_{n-m}(t),
\end{aligned} \tag{5}$$

where $P_0, P_1, P_2, \ldots, P_i, \ldots, P_{n-m+1}$ are system probabilities of being in states $0, 1, 2, \ldots, i, \ldots, (n-m+1)$. This means the states with no failure, one failure, two failures, ..., i failures, ..., $(n-m+1)$ failures in the system. The state $(n-m+1)$ expresses the failure state of the system.

$$h_0(t), h_1(t), h_2(t), \ldots, h_i(t), \ldots, h_{n-m}(t)$$

are the failure rates of identical elements in case of no failure, one failure, two failures, ..., i failures, ..., $(n-m)$ failures in the system.

The solution of the differential equations (5) are

$$P_0(t) = \exp\left\{-\,n \cdot \int_0^t h_0(x)\,dx\right\},$$

$$P_1(t) = \exp\left\{-\int_0^t (n-1) \cdot h_1(x)\,dx\right\} \cdot \int_0^t n \cdot h_0(x) \times \times \exp\left\{-\,n \int_0^t h_0(x)\,dx\right\} \cdot \exp\left\{\int_0^t (n-1) \cdot h_1(x)\,dx\right\} dx,$$

$$P_2(t) = n(n-1) \cdot \exp\left\{-\int_0^t (n-2) \cdot h_2(x) \cdot dx\right\} \cdot \int_0^t h_1(x) \times \times \exp\left\{-\int_0^t (n-1) \cdot h_1(x)\,dx\right\} \cdot \exp\left\{\int_0^t (n-2) \times \times h_2(x) \cdot dx\right\} \cdot \int_0^t h_0(x) \cdot \exp\left\{-\int_0^t n \cdot h_0(x) \cdot dx\right\} \times \times \exp\left\{\int_0^t (n-1) \cdot h_1(x)\,dx\right\} dx,$$

$$P_3(t) = n(n-1)(n-2) \cdot \exp\left\{-\int_0^t (n-3) \cdot h_3(x)\,dx\right\} \times \times \int_0^t h_2(x) \cdot \exp\left\{\int_0^t (n-3) \cdot h_3(x)\,dx\right\} \cdot \exp\left\{-\int_0^t (n-2) \times \times h_2(x)\,dx\right\} \cdot \int_0^t h_1(x) \cdot \exp\left\{-\int_0^t (n-1) \cdot h_1(x)\,dx\right\} \times \times \exp\left\{(n-2) \cdot h_2(x) \cdot dx\right\} \cdot \int_0^t h_0(x) \times \times \exp\left\{-\int_0^t n \cdot h_0(x)\,dx\right\} \cdot \exp\left\{\int_0^t (n-1)\, h_1(x)\,dx\right\} dx,$$

$$\cdots\cdots\cdots$$

$$P_{n-m+1}(t) = \frac{n!}{(m-1)!} \cdot \int_0^t h_{n-m}(x) \cdot \exp\left\{-\int_0^t m \cdot h_{n-m}(x)\,dx\right\} \times \times \int_0^t h_{n-m-1}(x) \cdot \exp\left\{\int_0^t m \cdot h_{n-m}(x)\,dx\right\} \times \times \exp\left\{-\int_0^t (m+1) \cdot h_{n-m-1}(x)\,dx\right\} \cdot \int_0^t h_{n-m-2}(x) \times \times \exp\left\{(m+1) \cdot h_{n-m-1}(x) \cdot dx\right\} \times \times \exp\left\{-\int_0^t (m+2) \cdot h_{n-m-2}(x)\,dx\right\} \cdot \int_0^t h_{n-m-3}(x) \times \times \exp\left\{\int_0^t (m+2) \cdot h_{n-m-2}(x) \cdot dx\right\} \times \times \exp\left\{-\int_0^t (m+3) \cdot h_{n-m-3}(x)\,dx\right\} \times \cdots \times \int_0^t h_0(x) \times \times \exp\left\{-\int_0^t n \cdot h_0(x)\,dx\right\} \times \times \exp\left\{\int_0^t (n-1) \cdot h_1(x)\,dx\right\} \cdot dx. \tag{6}$$

*) M.T.C., Cairo, Egypt

As

$$R(t) = \exp\left\{-\int_0^t h(x)\,dx\right\} \tag{7}$$

equation (6) can be written in the following form

$$P_{n-m+1}(t) =$$

$$= \frac{n!}{(m-1)!} \cdot \int_0^t h_{n-m}(x) \cdot [R_{n-m}(x)]^m \cdot \int_0^t h_{n-m-1}(x) \times$$

$$\times \left[\frac{R_{n-m-1}(x)}{R_{n-m}(x)}\right]^m \cdot R_{n-m-1}(x) \int_0^t h_{n-m-2}(x) \times$$

$$\times \left[\frac{R_{n-m-2}(x)}{R_{n-m-1}(x)}\right]^{m+1} \cdot R_{n-m-2}(x) \cdot \int_0^t h_{n-m-3}(x) \times$$

$$\times \left[\frac{R_{n-m-3}(x)}{R_{n-m-2}(x)}\right]^{m+2} \cdot R_{n-m-3}(x) \times \cdots \times$$

$$\times \int_0^t h_0(x) \cdot \left[\frac{R_0(x)}{R_1(x)}\right]^n \cdot R_0(x) \cdot dx\,, \tag{8}$$

where $R_0(x)$ is the reliability function of each element when there is no failure in the system, $R_1(x)$ is the reliability function of each element when there is one failure in the system, $R_{n-m}(x)$ is the reliability function of each element when there are $(n-m)$ failures in the system. Then by using equation (8), the reliability of the system is

$$R_s(t) = 1 - P_{n-m+1}(t)\,. \tag{9}$$

To show that with BIRNBAUM's and SAUNDER's assumptions also BECKMANN's solution to the problem is a special case of equation (8), we take the following example for simplicity: A system has three identical elements with m equal to two. In this case equation (9) has the following form

$$R_s(t) = 1 - 3! \cdot \int_0^t h_1(x) \cdot R_1^2(x) \cdot \int_0^t h_0(x) \cdot \left[\frac{R_0(x)}{R_1(x)}\right]^2 \cdot R_0(x) \cdot dx\,. \tag{10}$$

As the stress variable φ is given by the equation [5]

$$\varphi = \frac{m}{s}\,, \tag{11}$$

where S is the number of surviving elements in the system we have

$$h_0 = h\left(\frac{2}{3}\right), \qquad h_1 = h\left(\frac{2}{2}\right).$$

By putting the above values of failure rates in equation (10) we get the agreement with equation (27) of reference [5]. By taking

$$h(\varphi) = \varphi \cdot K\,, \tag{12}$$

where K is a constant, i.e. fulfilling the BIRNBAUM and SAUNDER's assumption, and by substituting equation (12) in equation (10), we get the correspondence with equation (4.1.1) of reference [4] after its integration.

Example

A multiple disc clutch of a heavy tracked vehicle consists of 16 identical friction surfaces. For its normal operation is needed at least 8 friction surfaces to be survived. Surfaces distribution function at the different states of the system are given in Fig. 1, [8]. The distribution function to failure of individual friction surfaces at different states showed that they are WEIBULL distributed. Equation (8) in this case has the form

$$P_{n-m+1}(k) = P_q(k) =$$

$$= \frac{16!}{7!} \cdot \int_0^k h_8(x) \cdot [R_8(x)]^8 \cdot \int_0^k h_7(x) \cdot \left[\frac{R_7(x)}{R_8(x)}\right]^8 \cdot R_7(x) \times$$

$$\times \int_0^k h_6(x) \left[\frac{R_6(x)}{R_7(x)}\right]^9 \cdot R_6(x) \cdot \int_0^k h_5(x) \cdot \left[\frac{R_5(x)}{R_6(x)}\right]^{10} \cdot R_5(x) \times$$

$$\times \int_0^k h_4(x) \cdot \left[\frac{R_4(x)}{R_5(x)}\right]^{11} \cdot R_4(x) \cdot \int_0^k h_3(x) \cdot \left[\frac{R_3(x)}{R_4(x)}\right]^{12} \cdot R_3(x) \times$$

$$\times \int_0^k h_2(x) \cdot \left[\frac{R_2(x)}{R_3(x)}\right]^{13} \cdot R_2(x) \cdot \int_0^k h_1(x) \cdot \left[\frac{R_1(x)}{R_2(x)}\right]^{14} \cdot R_1(x) \times$$

$$\times \int_0^k h_0(x) \cdot \left[\frac{R_0(x)}{R_1(x)}\right]^{15} \cdot R_0(x) \cdot dx\,, \tag{13}$$

where k is the parameter of kilometres to failure (instead of the parameter t).

The solution of equation (13) is carried out by means of a digital computer. The input data are:

$$h_i(x) = \frac{\beta_i}{\eta_i} \cdot \left(\frac{x - \gamma_i}{\eta_i}\right)^{\beta_i - 1}, \qquad i = 0, 1, 2, \ldots, 8$$

and

$$R_i(x) = \exp\left\{-\left(\frac{x - \gamma_i}{\eta_i}\right)^{\beta_i}\right\}, \qquad i = 0, 1, 2, \ldots, 8\,.$$

The values of different parameters γ_i, η_i and β_i are given in Fig. 1. The distribution function corresponding to failure of the multiple disc pack is shown in Fig. 2. It is also a WEIBULL

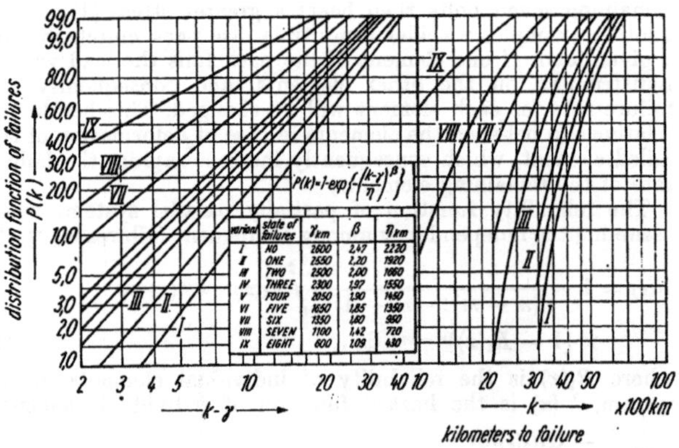

Fig. 1. Distribution function $P(k)$ of covered kilometers to failure (k) of individual friction surfaces in a multiple disc clutch pack at at different states of failures [8]

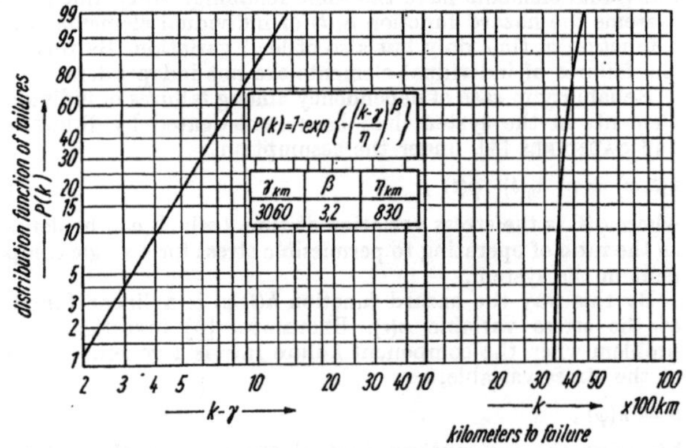

Fig. 2. Distribution function $P(k)$ of covered kilometers to failure (k) of multiple disc clutch pack

distribution function. Equation (13) represents the limit state design of the pack where the load is equally distributed on all surfaces.

Conclusion

The solution of partially parallel systems of n identical elements given by equation (8) showed that it is the more general case. The solutions given by BIRNBAUM and SAUNDERS or that given by BECKMANN are only special cases of equation (8). Equation (8) is a multiple integral from which its solution can be easly derived by digital computers.

References

1 SCHATZ, R., SHOOMAN, M. and SHAW, L., Application of time dependent stress-strength models of non-electrical and electrical systems, Proceedings 1974 Annual Reliability and Maintainability Symposium, Los Angeles, California, jan. 29–31, 1974.
2 SAMIR ABDELSALAM, M., On an approximation of reliability function for partially parallel systems with different reliable components, Strojnicky časopis Slovenskej akadémie vied, ČSSR, Vol. 3, 1975.
3 SAMIR ABDELSALAM, M., A method for determination the distribution function of main failures in an aircraft structure, Zpráva VZLU, Z-23, Aeronautical Research and Test Institute, ČSSR, 1974.
4 BIRNBAUM, Z. W. and SAUNDERS, S. C., A statistical model for life – length of materials, American Statistical Association Journal, March 1958.
5 BECKMANN, P., Reliability of loaded parallel-redundant systems, 1967 Annual Symposium on Reliability, Washington, D.C., jan. 10–12, 1967.
6 BHARUCHA-REID, A. T., Elements of the theory of MARKOV processes and their application, McGraw-Hill Book Company, Inc. 1960.
7 SANDLER, G. H., System reliability engineering, Prentice-Hall, Englewood Cliffs, N.J., 1963.
8 SAMIR ABDELSALAM, M., Contribution to reliability growth of friction systems in transmission mechanism, Dissertation for the degree of Ph. D., VA-AZ Brno, ČSSR, 1974.

Eingereicht am 12. 2. 1975

Anschrift: Dr. M. A. SAMIR, Záhřebská 3, 61 600 Brno 16-Žabovřesky, ČSSR

ZAMM 57, 555–557 (1977)

Z. CELEP

On the Vibration and Stability of Beck's Column Subjected to Vertical and Follower Forces

1. Introduction

The stability of BECK's column is one of the nonconservative elementary problems of the theory of elastic stability [1, 2]. It is a beam clamped at the one end and subjected to a follower force at the free end. The theoretical and experimental aspects of this problem have been investigated in detail in various papers, in which the stability of the column has been studied under the effect of various types of internal and external damping, rotatory inertia and thermomechanical coupling [3, 4]. A recent investigation considers the support characteristics of the column, with references to other similar studies on this problem [5]. In these studies the column was subjected to a follower force.

Some other investigations aimed at clarifying the difference between the conservative and nonconservative problems, have been made on the elementary problems of elastic stability in which the column is subjected to both the follower (nonconservative) and the vertical (conservative) forces. Such studies have given new results that are not observed in the study of the problems in which the column was subjected to either follower or vertical forces. In his investigation on the instability of a vertical cantilevered column under the action of uniformly distributed vertical and follower forces, MCGILL uses GALERKIN's method and finds the effect of weight on the flutter load and of the distributed follower force on the buckling load [6]. SUNDARARAJAN studies a simply supported beam by applying the same method and observes the change in the stability boundaries and the eigencurve due to a change in the ratio of the conservative and nonconservative components of the follower forces [7]. A similar study has been carried out by SUGIYAMA and KAWAGOE on beams with six typical cases of boundary conditions in which finite element method was used and the behavior of the eigencurve was demonstrated for various values of the nonconservativeness parameter [8]. In a recent study the author has applied GALERKIN's method to the beams with four boundary conditions, considering the vibration and lateral stability as well as the combined action of uniformly distributed follower and vertical forces [9].

In the present study, the vibration and stability of BECK's column under the combined action of vertical and follower forces are investigated, and the eigencurves for various values of the nonconservativeness parameter of the applied force are given.

2. Statement of the problem

Consider a slender elastic column of constant cross section under he combined action of a vertical force P_v and a follower force P_f at its free end as shown in Fig. 1.

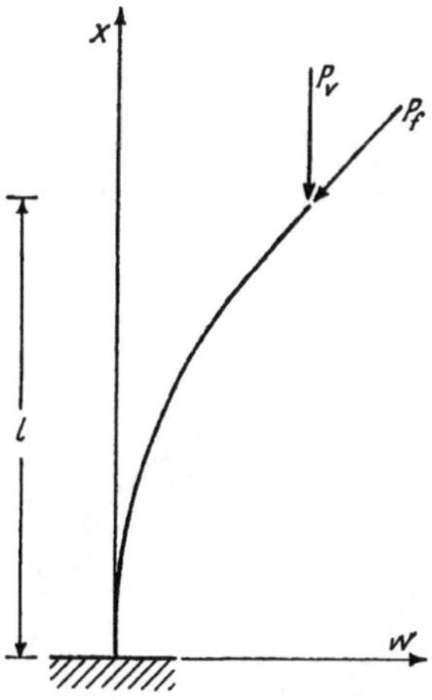

Fig. 1. BECK's column with vertical force

The equation of motion about the undisturbed form of equilibrium of the column is as follows:

$$\frac{\partial^4 w}{\partial x^4} + \frac{P_v + P_t}{EI} \cdot \frac{\partial^2 w}{\partial x^2} + \frac{m}{EI} \cdot \frac{\partial^2 w}{\partial t^2} = 0\,, \tag{1}$$

where w, EI and m denote the deflection, bending rigidity and mass per unit length of the column respectively. The boundary conditions of the problem are

$$\begin{aligned} &w(0, t) = 0\,, && w'(0, t) = 0\,, \\ &w''(l, t) = 0\,, && w'''(l, t) = -P_v \cdot w'(l, t)/(EI)\,, \end{aligned} \tag{2}$$

where l is the length of the column, and the prime denotes differentiation with respect to x. Equation (1) is satisfied by putting

$$w(x, t) = W(\zeta) \cdot \exp(i\omega t) \tag{3}$$

where $\zeta = x/l$ and $W(\zeta)$ is an unknown function, and ω is an unknown circular eigenfrequency of the column. Substitution of (3) into (1) gives an ordinary differential equation

$$\frac{d^4W}{d\zeta^4} + \varkappa \frac{d^2W}{d\zeta^2} - \lambda^2 W = 0 \tag{4}$$

and the boundary conditions (2) are written in the form

$$W(0) = W'(0) = W''(1) = 0\,, \qquad W'''(1) = -(1-\alpha)\,\varkappa W'(1) \tag{5}$$

where $\varkappa$, λ^2 and α denote the load, eigenfrequency and nonconservativeness parameter respectively and are defined by

$$\varkappa = \frac{P_v + P_t}{EI}\,l^2\,, \quad \lambda^2 = \frac{m\omega^2 l^4}{EI}\,, \quad \alpha = \frac{P_f}{P_v + P_f}\,. \tag{6}$$

The general solution of equation (4) is

$$W(\zeta) = C_1 \sin(\beta_1\zeta) + C_2 \cos(\beta_1\zeta) + C_3 \sinh(\beta_2\zeta) + C_4 \cosh(\beta_2\zeta) \tag{7}$$

where

$$\beta_1^2 = 0.5 \cdot \varkappa + \sqrt{0.25\varkappa^2 + \lambda^2}\,, \qquad \beta_2^2 = -0.5\varkappa + \sqrt{0.25\varkappa^2 + \lambda^2}\,.$$

Substitution of the function $W(\zeta)$ given in (7) into the equations of the boundary conditions (5) yields a system of four linear algebraic equations for the four constants C_1, C_2, C_3 and C_4. The trivial solution of this system corresponds to the undisturbed form of the column. In order to obtain a nontrivial solution the determinant of the system has to vanish, and this condition leads to the relationship

$$\begin{aligned} &2\lambda^2 + \alpha\varkappa^2 + \lambda\varkappa(2\alpha - 1)\sin\beta_1 \cdot \sinh\beta_2 + [2\lambda^2 + \varkappa^2(1-\alpha)] \times \\ &\times \cos\beta_1 \cdot \cosh\beta_2 = 0\,, \end{aligned} \tag{8}$$

which, for $\alpha = 1$, i.e., the case in which only a follower force is acting, reduces to the equation given by BOLOTIN [2], that is

$$2\lambda^2 + \varkappa^2 + \lambda\varkappa \sin\beta_1 \cdot \sinh\beta_2 + 2\lambda^2 \cos\beta_1 \cdot \cosh\beta_2 = 0\,.$$

The relationship (8) gives the well-known frequency equation of the free vibration for $\varkappa = 0$ and statical buckling equation for $\lambda = \alpha = 0$. The relation (8) between $\varkappa$ and λ, for given values of α, represents the eigencurves of the column.

3. Vibration and stability

The numerical computation was made on the B3700 computer at the Computer Center of the Technical University of Istanbul. The characteristic eigencurves of λ below the third eigenfrequency are shown in Fig. 2. All the eigencurves intersect the

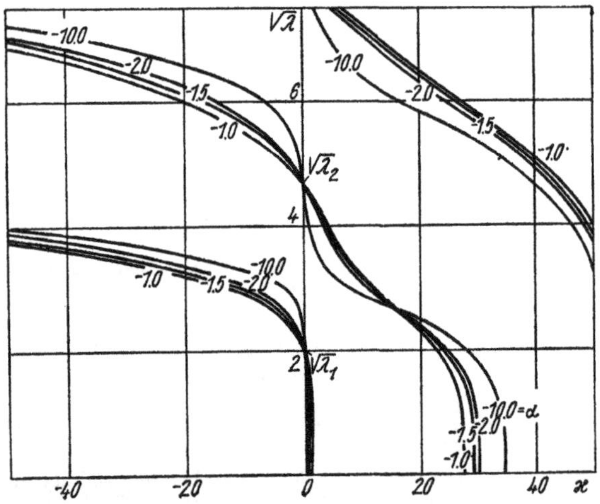

Fig. 2a. Eigencurves of the column for $\alpha = -10.0, -2.0, -1.5$ and -1.0

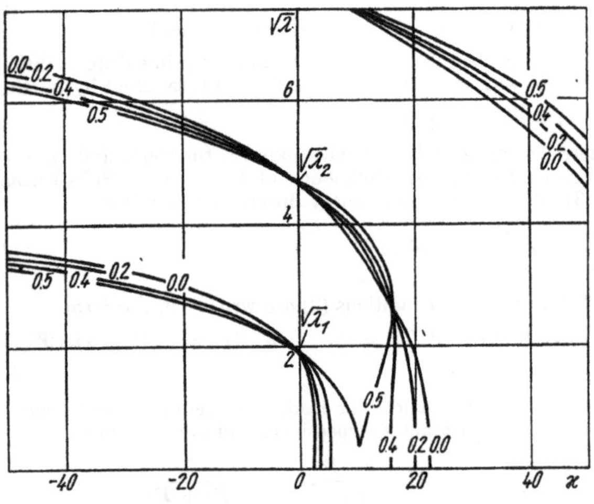

Fig. 2b. Eigencurves of the column for $\alpha = 0.0, 0.2, 0.4$ and 0.5

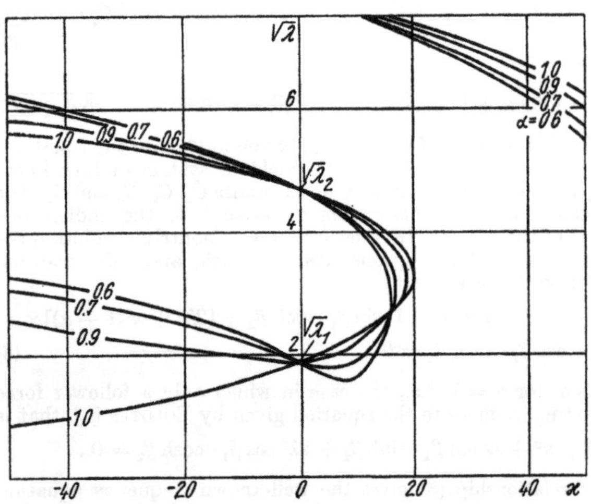

Fig. 2c. Eigencurves of the column for $\alpha = 0.6, 0.7, 0.9$ and 1.0

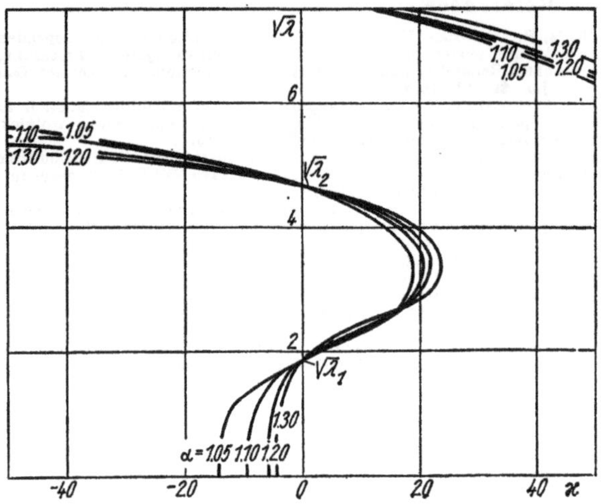

Fig. 2d. Eigencurves of the column for $\alpha = 1.05, 1.10, 1.20$ and 1.30

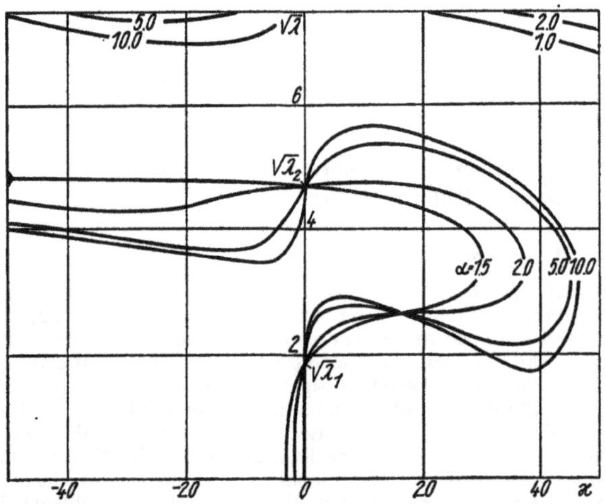

Fig. 2e. Eigencurves of the column for $\alpha = 1.5, 2.0, 5.0$ and 10.0

λ-axis at λ_1 and λ_2, i.e., at the frequencies corresponding to the free vibration. In Fig. 2a, the eigencurves corresponding to various values of α appear as separate branches which intersect the $\varkappa$-axis at the statical instability load parameters $\varkappa_1$ and $\varkappa_2$ (divergence type of loss of stability), and each branch gives a single λ value for a given $\varkappa$. For the values of α represented in Fig. 2b, the upper branch takes a vertical tangent at a point about which this branch has two λ values for a given $\varkappa$, as the values of $\varkappa_1$ and $\varkappa_2$ approach each other. The two values of λ coinside at a critical value at the tangent point. By further increase in $\varkappa$ the values of λ become complex. As it is seen from the equation (3) the value of $\varkappa_f$, at which the branch has a vertical tangent, corresponds to the dynamical instability load parameter (flutter type of loss of stability). For $\alpha = 0.5$, the first two branches close together without intersecting the $\varkappa$-axis, while the value of $\varkappa_f$ had increased. The figure given by Bolotin [2] is for $\alpha = 1.0$ and the corresponding dynamical instability load was calculated by Beck [1]. For the values of α represented in Fig. 2c the column, as seen from the curves, has no statical instability load. But with further increase in α the statical instability load takes negative values, as it is shown in Fig. 2d and Fig. 2e.

4. Conclusion

The statical and dynamical instability loads are shown in Fig. 3 for various values of the parameter α. The column has two divergence instability loads for $\alpha < \alpha_1$, a third load, i.e., the flutter instability load for $\alpha_1 < \alpha < \alpha_2$, and only one flutter instability load for $\alpha_2 < \alpha < \alpha_3$, and one flutter and one divergence instability loads for $\alpha_3 < \alpha$. As the nonconservativeness parameter increases, first the flutter instability appears with

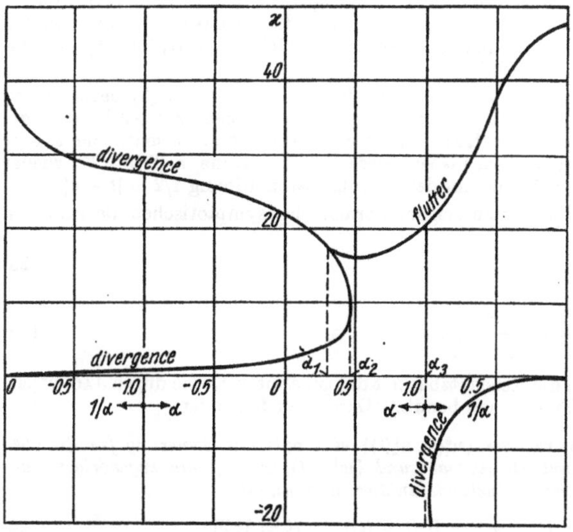

Fig. 3. Divergence and flutter loads of the column

two divergence instability loads, which later vanish. With further increase, a divergence instability appears beside the flutter instability and approaches zero when the conservative force disappears.

References

1 BECK, M., Die Knicklast des einseitig eingespannten tangential gedrückten Stabes, ZAMP 3, 225–228, 476–477 (1952).
2 BOLOTIN, V. V., Nonconservative problems of the theory of elastic stability, Pergamon Press Oxford 1963.
3 PLAUT, R. H.; INFANTE, E. F., The effect of external damping on the stability of Beck's column, Int. J. Solids and Structures 6, 491–496 (1970).
4 SHIEH, R. C., Dynamic instability of a cantilever column subjected to a follower force including thermomechanical coupling effect, J. App. Mec. 38, 839–846 (1971).
5 SIMKINS, T. E.; ANDERSON, G. L., Stability of BECK's column considering support characteristics, J. Sound and Vibration 39, 359–369 (1975).
6 MCGILL, D. J., Column instability under weight and follower loads, J. Engn. Mec. Div. ASCE 97, 629–635 (1971).
7 SUNDARARAJAN, C., On the stability and eigencurves of an elastic system subjected to conservative and nonconservative forces, ZAMM 54, 434–436 (1974).
8 SUGIYAMA, Y.; KAWAGOE, H., Vibration and stability of elastic columns under the combined action of uniformly distributed vertical and tangential forces, J. Sound and Vibration 38, 341–355 (1975).
9 CELEP, Z., On the lateral stability and eigencurves of elastic beams subjected to vertical and follower forces, Acta Mechanica (to appear).

Eingereicht am 8. 1. 1976

Anschrift: Dr.-Ing. ZEKAI CELEP, Faculty of Engineering and Architecture, Technical University, İstanbul, Turkey

ZAMM 57, 557–559 (1977)

FRIEDMAR UNGER

Ein Maximumprinzip für Steuerprobleme bei der eindimensionalen Wärmeleitungsgleichung – Randsteuerung bei achsenparallelen Kreiszylindern*)

In [1], [2] wurden mit Hilfe einer Methode, die auf L. BITTNER und L. v. WOLFERSDORF (vgl. [3]) zurückgeht, Maximumprinzipien für nichtlineare Randsteuerprobleme bei Platte, Kugel und Kreiszylinder abgeleitet. Hier wird nun die praktisch wichtige analoge Aufgabe bei Gebieten unterschiedlicher Temperaturleitfähigkeit, die durch achsenparallele Kreiszylinderflächen begrenzt werden, betrachtet.

Speziell treten Problemstellungen der vorliegenden Art im Fall $R_1 < R_2$ bei Problemen der gesteuerten Wärmestrahlung in Industrieöfen auf; ein allgemeines Problem dieser Art wurde in anderer Weise von J. P. YVON (s. [4]) behandelt. Im Grenzfall $R_1 = R_2$ entspricht das gestellte Problem Aufgaben der gesteuerten Wärmeleitung zwischen einem Zylinder und angrenzendem koaxialem Hohlzylinder, an deren Trennfläche möglicherweise unstetige Wärmeübergänge allgemeiner Art stattfinden, etwa hervorgerufen durch eine dünne Zwischenschicht eines anderen Mediums.

Aufgabe: Für das Paar von *Zustandsfunktionen*

$$\begin{aligned} &w^1(r, t), \quad 0 \leq r \leq R_1, \quad 0 \leq t \leq T, \\ &w^2(r, t), \quad R_2 \leq r \leq R_3, \quad 0 \leq t \leq T, \end{aligned} \quad (R_1 \leq R_2) \tag{1}$$

seien die folgenden Bedingungen gegeben:

$$w_t^1 = a_1^2 \left[w_{rr}^1 + \frac{1}{r} w_r^1 \right] + \omega_1(r, t) \quad (0 < r < R_1,\ 0 < t \leq T), \tag{2}$$

$$w^1(r, 0) = 0 \quad (0 < r < R_1), \tag{3}$$

$$w_r^1(R_1, t) = \Psi(t, w^1(R_1, t), w^2(R_2, t), u_1(t)) \quad (0 < t \leq T), \tag{4}$$

$$w^1(0, t) \quad \text{endlich für } 0 \leq t \leq T; \tag{5}$$

$$w_t^2 = a_2^2 \left[w_{rr}^2 + \frac{1}{r} w_r^2 \right] + \omega_2(r, t) \quad (R_2 < r < R_3,\ 0 < t \leq T), \tag{6}$$

$$w^2(r, 0) = 0 \quad (R_2 < r < R_3), \tag{7}$$

$$w_r^2(R_3, t) = \Phi(t, w^2(R_3, t), u_2(t)) \quad (0 < t \leq T), \tag{8}$$

$$w_r^2(R_2, t) = \chi(t, w^1(R_1, t), w^2(R_2, t), u_1(t)) \quad (0 < t \leq T). \tag{9}$$

In der vorliegenden Problemstellung ist wegen (4) der Fall enthalten, daß an Stelle von (9) die Forderung

$$\lambda_2 w_r^2(R_2, t) = \lambda_1 w_r^1(R_1, t) + h(t) \tag{10}$$

$(\lambda_1, \lambda_2$ konstant, $\lambda_2 \neq 0)$

gestellt wird, die insbesondere im Grenzfall $R_1 = R_2$ in der Praxis häufig auftritt.

Die GREENsche *Funktion zur Aufgabe* (2)–(5) ist

$$G_1(r, \sigma, t) = \sum_{n=1}^{\infty} \frac{2}{R_1^2 J_0^2(\varrho_n)} \sigma J_0\left(\frac{\varrho_n}{R_1} \sigma\right) \cdot J_0\left(\frac{\varrho_n}{R_1} r\right) e^{-\frac{\varrho_n^2}{R_1^2} a_1^2 t} \tag{11}$$

(ϱ_n: Die nach wachsender Größe geordneten positiven Nullstellen von $J_1(\varrho)$)

und die *zur Aufgabe* (6)–(9):

$$\begin{aligned} G_2(r, \sigma, t) = \sum_{n=1}^{\infty} &\frac{\pi^2 \mu_n^2 N_1^2(\mu_n R_2)\, N_1^2(\mu_n R_3)}{2\, (N_1^2(\mu_n R_3) - N_1^2(\mu_n R_2))} \cdot \sigma \times \\ &\times (J_0(\mu_n \sigma) - \varkappa_n N_0(\mu_n \sigma)) \cdot (J_0(\mu_n r) - \varkappa_n N_0(\mu_n r)) \times \\ &\times e^{-\mu_n^2 a_2^2 t} \end{aligned} \tag{12}$$

(μ_n: Die nach wachsender Größe geordneten positiven Nullstellen des Ausdrucks

$$N_1(\mu R_3)\, J_1(\mu R_2) - N_1(\mu R_2)\, J_1(\mu R_3)\ ; \tag{13}$$

$$\varkappa_n = \frac{J_1(\mu_n R_3)}{N_1(\mu_n R_3)} = \frac{J_1(\mu_n R_2)}{N_1(\mu_n R_2)}\ ). \tag{14}$$

Es wird vorausgesetzt:

1.) $$\Omega_1(r, t) = \int_0^t \int_0^{R_1} G_1(r, \sigma, t - \tau)\, \omega_1(\sigma, \tau)\, d\sigma\, d\tau \tag{15}$$

auf $[0, R_1] \times [0, T]$

und

$$\Omega_2(r, t) = \int_0^t \int_{R_1}^{R_2} G_2(r, \sigma, t - \tau)\, \omega_2(\sigma, \tau)\, d\sigma\, d\tau \tag{16}$$

auf $[R_2, R_3] \times [0, T]$

sind stetig.

2.) Φ ist auf $[0, T] \times R^1 \times R^1$ stetig und bezüglich w^2 stetig differenzierbar; Ψ und χ sind auf $[0, T] \times R^1 \times R^1 \times R^1$ stetig und bezüglich w^1 und w^2 stetig differenzierbar.

3.) Die zulässigen Steuerfunktionen $u_1(t)$, $u_2(t)$ sind auf $[0, T]$ beschränkt und meßbar (oder stückweise stetig) und genügen den Beschränkungen

$$u_1(t) \in U_1 \qquad \text{für alle} \quad t \in [0, T] \tag{17}$$

*) Der Verfasser dankt Herrn Prof. Dr. v. WOLFERSDORF für die Anregung zur Bearbeitung des Themas.

mit

$$U_1 = U_1(t) = \{u_1 \in R^1 : c_1(t) \leqq u_1 \leqq d_1(t)\}, \tag{18}$$

$$u_2(t) \in U_2 \quad \text{für alle} \quad t \in [0, T] \tag{19}$$

mit

$$U_2 = U_2(t) = \{u_2 \in R^1 : c_2(t) \leqq u_2 \leqq d_2(t)\} \tag{20}$$

(c_1, d_1, c_2, d_2 auf $[0, T]$ gegeben, stückweise stetig, $c_1 \leqq d_1, c_2 \leqq d_2$).

Gesucht ist ein Paar $\{u_1(t), u_2(t)\}$ *zulässiger Steuerfunktionen* und ein Paar *zugehöriger Zustandsfunktionen* $\{w^1(r, t), w^2(r, t)\}$ so, daß

$$I = \sum_{i=1}^{7} \alpha_i I_i = \min, \tag{21}$$

wobei

$$\begin{aligned}
I_1 &= \int_0^{R_1} \varrho_1(r)\,[w^1(r, T) - q_1(r)]^2\,dr, \\
I_2 &= \int_{R_2}^{R_3} \varrho_2(r)\,[w^2(r, T) - q_2(r)]^2\,dr, \\
I_3 &= \int_0^{T} \varrho_3(t)\,[w^2(R_3, t) - q_3(t)]^2\,dt, \\
I_{j+3} &= \int_0^{T} \varrho_{j+3}(t)\,[w^j(R_j, t) - q_{j+3}(t)]^2\,dt, \\
I_{j+5} &= \int_0^{T} \varrho_{j+5}(t)\,u_j^2(t)\,dt \qquad (j = 1, 2)
\end{aligned} \tag{22}$$

(q_i $(i = 1, \ldots, 7)$ auf $[0, R_1]$ bzw. $[R_2, R_3]$ bzw. $[0, T]$ gegeben und stetig; $\varrho_1(r) = 0$ auf $[0, \varepsilon]$ ($\varepsilon \in (0, R_1]$ gegeben) und stetig und nichtnegativ auf $[\varepsilon, R_1]$; $\varrho_2, \ldots, \varrho_7$ gegebene stetige nichtnegative Funktionen auf $[R_2, R_3]$ bzw. $[0, T]$; $\alpha_i \geqq 0$ $(i = 1, \ldots, 7)$ mit $\sum_{i=1}^{7} \alpha_i > 0$).

Bei Vorgabe von $\omega_1, \omega_2, \Phi, \Psi, \chi$ erklären wir *verallgemeinerte Lösungen der Aufgabe* (2)—(9) analog zur Verfahrensweise in [3], [1] durch die Integralausdrücke

$$\begin{aligned}
w^1(r, t) = &\int_0^t a_1^2 G_1(r, R_1, t - \tau)\,\Psi(\tau, s_1(\tau), s_2(\tau), u_1(\tau))\,d\tau + \\
&+ \Omega_1(r, t),
\end{aligned} \tag{23}$$

$$\begin{aligned}
w^2(r, t) = &\int_0^t a_2^2 G_2(r, R_3, t - \tau)\,\Phi(\tau, s_3(\tau), u_2(\tau))\,d\tau - \\
&- \int_0^t a_2^2 G_2(r, R_2, t - \tau)\,\chi(\tau, s_1(\tau), s_2(\tau), u_1(\tau))\,d\tau + \\
&+ \Omega_2(r, t),
\end{aligned} \tag{24}$$

wobei $s_1(t)$ $(\equiv w^1(R_1, t))$, $s_2(t)$ $(\equiv w^2(R_2, t))$, $s_3(t)$ $(\equiv w^2(R_3, t))$ auf $[0, T]$ stetige Lösungen des folgenden Integralgleichungssystems sind:

$$\begin{aligned}
s_1(t) = &\int_0^t a_1^2 G_1(R_1, R_1, t - \tau)\,\Psi(\tau, s_1(\tau), s_2(\tau), u_1(\tau))\,d\tau + \\
&+ \Omega_1(R_1, t),
\end{aligned} \tag{25}$$

$$\begin{aligned}
s_2(t) = &\int_0^t a_2^2 G_2(R_2, R_3, t - \tau)\,\Phi(\tau, s_3(\tau), u_2(\tau))\,d\tau - \\
&- \int_0^t a_2^2 G_2(R_2, R_2, t - \tau)\,\chi(\tau, s_1(\tau), s_2(\tau), u_1(\tau))\,d\tau + \\
&+ \Omega_2(R_2, t),
\end{aligned} \tag{26}$$

$$\begin{aligned}
s_3(t) = &\int_0^t a_2^2 G_2(R_3, R_3, t - \tau)\,\Phi(\tau, s_3(\tau), u_2(\tau))\,d\tau - \\
&- \int_0^t a_2^2 G_2(R_3, R_2, t - \tau)\,\chi(\tau, s_1(\tau), s_2(\tau), u_1(\tau))\,d\tau + \\
&+ \Omega_2(R_3, t).
\end{aligned} \tag{27}$$

Daher ist die eingangs formulierte Aufgabe äquivalent mit der, ein Paar $\{u_1(t), u_2(t)\}$ zulässiger Steuerfunktionen so zu bestimmen, daß $I = \min$ (I aus (21)), wobei der Zustand des Prozesses durch $s(t) \equiv \{s_1(t), s_2(t), s_3(t)\}$ beschrieben wird (s_1, s_2, s_3 aus (25)—(27)) und in (22) die $s_i(t)$ $(i = 1, 2, 3)$ bzw. die durch (23), (24) gegebenen Ausdrücke für $w^1(r, T)$, $w^2(r, T)$ einzusetzen sind.

Diese Aufgabe ist von der im Anhang von [3] betrachteten Bauart. Daß die dort formulierten Voraussetzungen bei der vorliegenden Aufgabe erfüllt sind, läßt sich im wesentlichen analog zu [1] zeigen, insbesondere sind die Kerne in (25)—(27) wieder polare Kerne mit der Singularitätenordnung 1/2 in $|t - \tau|$.

Um dies zu zeigen, werden die asymptotischen Beziehungen

$$\varrho_n \approx n\pi + \frac{\pi}{4}, \tag{28}$$

$$\mu_n \approx n\,\frac{\pi}{R_3 - R_2}, \tag{29}$$

und die Abschätzbarkeit der genannten Kerne durch Jacobische ϑ_3-Funktionen benutzt. Damit gilt folgender

Satz: *Sei $\{u_1^0(t), u_2^0(t)\}$ eine optimale Steuerung für die oben formulierte Aufgabe und $\{w^1(r, t), w^2(r, t)\}$ ein zugehöriges Paar optimaler Zustandsfunktionen, dann gilt*

$$\max_{u_i \in U_i} H_i(t, u_i) = H_i(t, u_i^0(t)) \qquad (i = 1, 2) \tag{30}$$

für fast alle t aus $[0, T]$ mit

$$\begin{aligned}
H_1(t, u_1) = &- \alpha_6 \varrho_6(t)\,u_1^2 - \chi(t, s_1^0(t), s_2^0(t), u_1) \cdot z^2(R_2, t) - \\
&- \Psi(t, s_1^0(t), s_2^0(t), u_1) \cdot z^1(R_1, t),
\end{aligned} \tag{31}$$

$$H_2(t, u_2) = - \alpha_7 \varrho_7(t)\,u_2^2 - \Phi(t, s_3^0(t), u_2) \cdot z^2(R_3, t), \tag{32}$$

wobei

$$\begin{aligned}
z^1(\sigma, t) = &\,2\alpha_1^4 \int_0^{R_1} \varrho_1^4(r)\,[w^1(r, T) - q_1(r)]\,a_1^2 G_1(r, \sigma, T - t)\,dr + \\
&+ \int_t^T a_1^2 G_1(R_1, \sigma, \sigma_1 - t)\,\zeta^1(\sigma_1)\,d\sigma_1,
\end{aligned} \tag{33}$$

$$\begin{aligned}
z^2(\sigma, t) = &\,2\alpha_2^4 \int_{R_2}^{R_3} \varrho_2^4(r)[w^2(r, T) - q_2(r)]\,a_2^2 G_2(r, \sigma, T - t)\,dr + \\
&+ \int_t^T a_2^2 G_2(R_2, \sigma, \sigma_1 - t)\,\zeta_2^1(\sigma_1)\,d\sigma_1 + \\
&+ \int_t^T a_2^2 G_2(R_3, \sigma, \sigma_2 - t)\,\zeta_2^2(\sigma_2)\,d\sigma_2;
\end{aligned} \tag{34}$$

$(\zeta_1, \zeta_2^1, \zeta_2^2)$ ist die eindeutig bestimmte Lösung des folgenden adjungierten Integralgleichungssystems:

$$\begin{aligned}
\zeta_1(t) = &\,2\alpha_4 \varrho_4(t)\,(s_1^0(t) - q_4(t)) + \\
&+ \chi_{s_1}(t, s_1^0(t), s_2^0(t), u_1^0(t)) \cdot z^2(R_2, t),
\end{aligned} \tag{35}$$

$$\begin{aligned}
\zeta_2^1(t) = &\,2\alpha_5 \varrho_5(t)\,(s_2^0(t) - q_5(t)) + \\
&+ \chi_{s_2}(t, s_1^0(t), s_2^0(t), u_1^0(t)) \cdot z^2(R_2, t) + \\
&+ \Psi_{s_2}(t, s_1^0(t), s_2^0(t), u_1^0(t)) \cdot z^1(R_1, t),
\end{aligned} \tag{36}$$

$$\zeta_2^2(t) = 2\alpha_3 \varrho_3(t)\,(s_3^0(t) - q_3(t)) + \Phi_{s_3}(t, s_3^0(t), u_2^0(t)) \cdot z^2(R_3, t). \tag{37}$$

Das Paar

$$\begin{aligned}
&z^1(r, t), \quad 0 \leqq r \leqq R_1, \quad 0 \leqq t \leqq T, \\
&z^2(r, t), \quad R_2 \leqq r \leqq R_3, \quad 0 \leqq t \leqq T,
\end{aligned} \tag{38}$$

läßt sich auffassen als verallgemeinerte Lösung der Aufgabe

$$z_t^1 = a_1^2 \left[z_{rr}^1 + \frac{1}{r} z_r^1\right] \quad (0 < r < R_1, \quad 0 < t \leqq T), \tag{39}$$

$$z^1(r, T) = 2\alpha_1^4 a_1^2 \varrho_1^4(r)\,[w^1(r, T) - q_1(r)] \qquad (0 < r < R_1),$$

$$\left[z_r^1(r, t) - \frac{1}{r}\,z^1(r, t)\right]_{r = R_1} = \zeta_1(t) \qquad (0 < t \leqq T), \tag{40}$$

$z^1(0, t)$ *endlich* $(0 \leqq t \leqq T)$;

$$z_t^2 = a_2^2 \left[z_{rr}^2 + \frac{1}{r} z_r^2\right] \quad (R_2 < r < R_3, \quad 0 < t \leqq T), \tag{41}$$

$$z^2(r, T) = 2\alpha_2^4 a_2^2 \varrho_2^4(r)\,[w^2(r, T) - q_2(r)] \qquad (R_2 < r < R_3),$$

$$\left[z_r^2(r,t) - \frac{1}{r} z^2(r,t)\right]_{r=R_2} = \zeta_2^1(t) \quad (0 < t \leqq T)\,, \tag{42}$$

$$\left[z_r^2(r,t) - \frac{1}{r} z^2(r,t)\right]_{r=R_3} = \zeta_2^2(t) \quad (0 < t \leqq T)\,.$$

Literatur

1 UNGER, F., Zum Maximumprinzip bei Randsteuerproblemen der eindimensionalen Wärmeleitungsgleichung, ZAMM 56, 25–32 (1976).
2 UNGER, F., Zum Maximumprinzip bei der eindimensionalen Wärmeleitungsgleichung mit Rand- und verteilter Steuerung, ZAMM 56, 123–124 (1976).
3 v. WOLFERSDORF, L., Optimale Steuerung einer Klasse nichtlinearer Aufheizungsprozesse, ZAMM 55, 353–362 (1975).
4 LIONS, J. L., A non linear distributed system, in Techniques of Optimisation (ed. A. V. BALAKRISHNAN), Academic Press New York u. London 1972, S. 138–158.

Eingereicht am 30. 6. 1976

Anschrift: Dr. FRIEDMAR UNGER, Bergakademie Freiberg, Sektion Mathematik, Bernhard-von-Cotta-Straße, DDR-92 Freiberg

ZAMM 57, 559 (1977)

J. LENSING

Die numerische Integration linearer inhomogener Differentialgleichungssysteme zweiter Ordnung mit nichtkonstanten Koeffizienten

1. Einleitung

Die numerische Lösung von linearen inhomogenen Differentialgleichungssystemen zweiter Ordnung mit nichtkonstanten Koeffizienten läßt sich sehr gut in Matrizenschreibweise darstellen. Dazu wird der Algorithmus des RUNGE-KUTTA-NYSTRÖM-Schrittes [1] auf Matrizenform erweitert. Eine besondere Anordnung der rechten Seite ist sehr zweckmäßig, da der angegebene Formelsatz ohne Änderung für homogene als auch inhomogene Probleme gleich gut arbeitet.

2. Besondere Anordnung

Das lineare Differentialgleichungssystem zweiter Ordnung

$$\tilde{\boldsymbol{z}}''(x) = \tilde{\boldsymbol{G}}(x)\,\tilde{\boldsymbol{z}}'(x) + \tilde{\boldsymbol{F}}(x)\,\tilde{\boldsymbol{z}}(x) + \boldsymbol{r}(x) \tag{1}$$

mit den nichtkonstanten Koeffizientenmatrizen $\tilde{\boldsymbol{G}}(x)$ und $\tilde{\boldsymbol{F}}(x)$ wird auf die Form

$$\begin{bmatrix} \tilde{\boldsymbol{z}}''(x) \\ \hdashline 0 \end{bmatrix} = \begin{bmatrix} \tilde{\boldsymbol{G}}(x) & \boldsymbol{0} \\ \boldsymbol{0}^{\mathrm{T}} & 0 \end{bmatrix} \begin{bmatrix} \tilde{\boldsymbol{z}}'(x) \\ \hdashline 0 \end{bmatrix} + \begin{bmatrix} \tilde{\boldsymbol{F}}(x) & \boldsymbol{r}(x) \\ \boldsymbol{0}^{\mathrm{T}} & 0 \end{bmatrix} \begin{bmatrix} \tilde{\boldsymbol{z}}(x) \\ \hdashline 1 \end{bmatrix}$$

$$\boldsymbol{z}''(x) = \boldsymbol{G}(x)\,\boldsymbol{z}'(x) + \boldsymbol{F}(x)\,\boldsymbol{z}(x) \tag{2}$$

gebracht.

3. Numerische Integration

Mit der *Teilbereichslänge* h_i und den Abkürzungen für die Koeffizientenmatrizen eines jeden Teilbereiches i ($i = 1, 2, 3, \ldots, N$)

$$\boldsymbol{G}_{i0} = \boldsymbol{G}(x_{i-1})\,, \qquad \boldsymbol{F}_{i0} = \boldsymbol{F}(x_{i-1})\,, \tag{3}$$

$$\boldsymbol{G}_{i1} = \boldsymbol{G}\left(x_{i-1} + \frac{h_i}{2}\right), \qquad \boldsymbol{F}_{i1} = \boldsymbol{F}\left(x_{i-1} + \frac{h_i}{2}\right), \tag{4}$$

$$\boldsymbol{G}_{i2} = \boldsymbol{G}(x_{i-1} + h_i)\,, \qquad \boldsymbol{F}_{i2} = \boldsymbol{F}(x_{i-1} + h_i)\,, \tag{5}$$

führt der auf Matrizen erweiterte RUNGE-KUTTA-NYSTRÖM-*Schritt* auf den Formelsatz:

$$\boldsymbol{k}_{i1} = \frac{h_i^2}{2}\left(\boldsymbol{G}_{i0}\boldsymbol{z}'_{i-1} + \boldsymbol{F}_{i0}\boldsymbol{z}_{i-1}\right), \tag{6}$$

$$\boldsymbol{k}_{i2} = \frac{h_i^2}{2}\left(\boldsymbol{G}_{i1}\left(\boldsymbol{z}'_{i-1} + \frac{\boldsymbol{k}_{i1}}{h_i}\right) + \boldsymbol{F}_{i1}\left(\boldsymbol{z}_{i-1} + \boldsymbol{z}'_{i-1}\frac{h_i}{2} + \frac{\boldsymbol{k}_{i1}}{4}\right)\right), \tag{7}$$

$$\boldsymbol{k}_{i3} = \frac{h_i^2}{2}\left(\boldsymbol{G}_{i1}\left(\boldsymbol{z}'_{i-1} + \frac{\boldsymbol{k}_{i2}}{h_i}\right) + \boldsymbol{F}_{i1}\left(\boldsymbol{z}_{i-1} + \boldsymbol{z}'_{i-1}\frac{h_i}{2} + \frac{\boldsymbol{k}_{i1}}{4}\right)\right), \tag{8}$$

$$\boldsymbol{k}_{i4} = \frac{h_i^2}{2}\left(\boldsymbol{G}_{i2}\left(\boldsymbol{z}'_{i-1} + \frac{2\boldsymbol{k}_{i3}}{h_i}\right) + \boldsymbol{F}_{i2}(\boldsymbol{z}_{i-1} + \boldsymbol{z}'_{i-1}h_i + \boldsymbol{k}_{i3})\right). \tag{9}$$

Die *Inhomogenität* $\boldsymbol{r}(x)$ wird durch die besondere Anordnung (2) direkt in den Formelsatz eingearbeitet. Bei **homogenen** Problemen ist in $\boldsymbol{F}(x)$ die Spalte $\boldsymbol{r}(x)$ gleich Null zu setzen, der angegebene Formelsatz (6–9) ändert sich jedoch nicht.

Mit den *Mittelwertvektoren*

$$\boldsymbol{k}_i = \frac{1}{3}\left(\boldsymbol{k}_{i1} + \boldsymbol{k}_{i2} + \boldsymbol{k}_{i3}\right) \tag{10}$$

und

$$2\boldsymbol{k}'_i = \frac{1}{3}\left(\boldsymbol{k}_{i1} + 2\boldsymbol{k}_{i2} + 2\boldsymbol{k}_{i3} + \boldsymbol{k}_{i4}\right) \tag{11}$$

folgt der *Lösungsvektor des Differentialsystems* (2) zu:

$$\boldsymbol{z}_i = \boldsymbol{z}_{i-1} + \boldsymbol{z}'_{i-1}h_i + \boldsymbol{k}_i\,, \tag{12}$$

$$\boldsymbol{z}'_i = \boldsymbol{z}'_{i-1} + 2\boldsymbol{k}'_i/h_i\,. \tag{13}$$

Die Gleichungen (12) und (13) entsprechen der numerischen Integration des linearen inhomogenen Differentialgleichungssystems zweiter Ordnung (1) im Teilbereich i; wird dies für **alle** Teilbereiche i durchgeführt und an die Randbedingungen angepaßt, folgt daraus die **vollständige** Lösung von (1).

Durch die besondere Rechenvorschrift erreicht man für alle Komponenten z_i bzw. z'_i des Vektors $\boldsymbol{z}_i$ bzw. $\boldsymbol{z}'_i$ einen Abgleich der TAYLOR-Glieder bis zur vierten Ordnung.

Eine explizite Lösung, bei der das Ergebnis direkt an die Anfangswerte beim Anfangswertproblem bzw. Freiwerte beim Randwertproblem angepaßt werden kann, ist durch Einsetzen und Umordnen von $\boldsymbol{k}_i$ bzw. $2\boldsymbol{k}'_i$ in (12) und (13) möglich, jedoch nimmt die Anzahl der Matrizenmultiplikationen stark zu, so daß das Ergebnis in der Form (12) bzw. (13) als günstiger erscheint.

Literatur

1 ZURMÜHL, R., Praktische Mathematik, Springer-Verlag, Berlin 1965.

Eingereicht am 14. 4. 76

Anschrift: J. LENSING, Lehrstuhl für Mechanik und Festigkeitslehre der TU Braunschweig, Postfach 7050, D-33, Braunschweig.

BUCHBESPRECHUNGEN

Kres, H., Statistische Tafeln zur multivariaten Analysis, Berlin-Heidelberg-New York. Springer-Verlag. 1975. XVIII u. 431 S., 26 Tab., DM 48,–. US $ 19.70.

Der vorliegende Tafelband umfaßt die Ergebnisse zahlreicher Autoren bzw. Monographien zu verschiedenen Tests linearer Hypothesen im multivariaten Regressionsmodell. In Ermangelung eines gleichmäßigen besten Tests (wie im univariaten Fall der F-Test) werden die alternativen Testkriterien einschließlich der zugehörigen Tabellen angeführt und ihre Handhabung erläutert. Es sind dies im wesentlichen
— der Likelihood-Quotienten-Test von Wilks
— das Spurkriterium von Hotelling und Lawley (sowie eine Variante davon)
— Maximalwurzelkriterien von Roy bzw. Pillai und Roy
— das T^2-Kriterium von Hotelling.
An diese Tabellen schließen sich Tafeln zur multivariaten Normalverteilung an, speziell für
— Normalverteilung mit gleichen Korrelationen
— Tests auf Unabhängigkeit
— Test auf Ausreißer
— Toleranzbereiche vom Typ „expected cover-β-region" und „β-content region"
— Test auf Gleichheit von Kovarianzmatrizen
— multivariate t-Verteilung
Daran schließen sich Tafeln u. a. zur Bonferroni-χ^2-Statistik sowie Tabellen für multivariate Mittelwertvergleiche (nach zwei Kriterien) an.

Berlin H. Toutenburg

Symposium Transsonicum II, IUTAM Symposium Göttingen 1975, Hrsg. Oswatitsch, K. / Rues, D., Berlin-Heidelberg-New York. Springer-Verlag. 1976. XVI, 574 S., 324 Abb., DM 88,–. US $ 36.10.

Nachdem bereits die 1963 erschienenen Berichte über das IUTAM-Symposium Transsonicum I (Referat: ZAMM 44, 609) wesentlich zur Information über den damaligen Stand der theoretischen und angewandten Forschung auf dem Gebiet der transsonischen Strömungen beigetragen haben, liefert der vorliegende Band mit den Beiträgen des IUTAM-Symposium Transsonicum II, das ebenfalls wieder unter der bewährten wissenschaftlichen Leitung von K. Oswatitsch durchgeführt wurde, eine reichhaltige Publikation über die weitere Entwicklung der Forschung bis zum Jahre 1975. Insgesamt wurden 59 Vorträge in 7 Spezialgruppen von Teilnehmern aus 18 Ländern gehalten.

In der ersten Gruppe wurde über die Berechnung instationärer transsonischer Strömungen referiert, einem Gebiet, auf dem trotz erheblicher Schwierigkeiten in den einzelnen Problemen besonders in den letzten Jahren eine beachtliche Aktivität entwickelt worden ist. Die dabei erzielten Ergebnisse sind auf zahlreiche technische Modellierungen und Stabilitätsuntersuchungen stationärer Strömungen anwendbar.

Hodographenmethoden und Singularitäten bilden die Thematik der zweiten Gruppe. Entsprechend der Grundkonzeption dieser Methoden erfolgt eine Beschränkung auf ebene stationäre Profilströmungen, wobei die Singularitäten, die durch die Abbildung des Strömungsgebietes der physikalischen Ebene auf ein i. a. mehrblättriges Gebiet der Hodographenebene entstehen, besonders zu berücksichtigen sind. Die einzelnen Modellierungen beziehen sich vorwiegend auf stoßfreie Strömungen. Lediglich für den Spezialfall der Umströmung eines endlichen Profils bei der Anström-Mach-Zahl $M_\infty = 1$ wird die Einbeziehung eines Verdichtungsstoßes diskutiert.

Die dritte Gruppe enthält Beiträge über Methoden, die unmittelbar in der physikalischen Ebene realisiert werden. Dabei hat sich, wie mehrere der Ergebnisse zeigen, die von Oswatitsch entwickelte Integralgleichungsmethode nach wie vor auch für stoßbehaftete Strömungen als effektivste Ausgangsbasis erwiesen. Insbesondere geht die Entwicklung dahin, auch überkritische Strömungen mit dieser Methode darzustellen.

Zum Problemkreis der inneren Strömungen liefern die Beiträge der vierten Gruppe etliche neuere Untersuchungen, die neben ebenen und achsensymmetrischen räumlichen Düsenströmungen auch Wellenerscheinungen in Gasstrahlen beim Ausströmen aus Düsen zum Gegenstand haben.

Transsonische Strömungen unter Berücksichtigung von Reibungseffekten bilden die Thematik der fünften Gruppe. Dabei sind die Wechselwirkungen zwischen Verdichtungsstößen und Grenzschichten in Profilnähe von besonderer Bedeutung. Eine mathematische Modellierung durch eine Aufteilung des Strömungsgebietes in mehrere Teilgebiete mit verschiedenen Strömungsgleichungen führt zu analytischen Lösungen, die mit experimentellen Ergebnissen in guter Übereinstimmung stehen.

Den Anwendungen speziell sind auch die Beiträge der sechsten Gruppe gewidmet, wobei verschiedene mathematische Methoden auf ihre Anwendungsmöglichkeiten getestet werden. Besonders zu erwähnen wären die Methode der komplexen Charakteristiken und die Methode der rheoelektrischen Analogie, die in den letzten Jahren zur Untersuchung ebener transsonischer Profilströmungen mit Hilfe modifizierter Hodographenmethoden entwickelt wurden. Als weitere wichtige Anwendungsprobleme werden in mehreren Beiträgen dieser Gruppe Schaufelgitterströmungen verschiedener Turbomaschinen behandelt. Obwohl die theoretischen und experimentellen Grundlagen dafür noch im Anfangsstadium stehen, dürften die Ergebnisse weitere Impulse liefern, die die Forschung in der nächsten Zeit noch erheblich intensivieren werden.

Die siebente, zahlenmäßig stärkste Gruppe (20 Beiträge) ordnet sich mit der Bearbeitung numerischer Methoden in den wichtigen Komplex der angewandten Forschung ein. Das Grundproblem besteht dabei in der numerischen Lösung von Rand- und Anfangswertproblemen der Strömungsdifferentialgleichungen für ebene oder räumliche Strömungen. Neben Zerlegungs- und Reihenentwicklungsmethoden stehen Differenzenmethoden im Vordergrund, die den jeweiligen Strömungsmodellen durch spezielle Differenzenschemen angepaßt sind, in denen u. a. auch die durch Verdichtungsstöße bedingten Unstetigkeiten berücksichtigt werden können. Einige Lösungsalgorithmen basieren auf Relaxationsmethoden und konvergenzbeschleunigenden Iterationsverfahren, die eine vorteilhafte numerische Realisierung auf Digitalrechnern gestatten.

Abschließend ist zu diesem Symposium noch zu bemerken, daß mehrere Beiträge der einzelnen Gruppen sicher den Trend der theoretischen und angewandten Forschung auf Grund der Ergebnisse und weiterer Hinweise auf demnächst erscheinende Literatur entscheidend beeinflussen werden, so daß dem vorliegenden Buch auch für die Forschung der nächsten Jahre eine außerordentliche Bedeutung zukommt.

Halle E. Schincke

Jahrbuch der Deutschen Gesellschaft für Luft- und Raumfahrt E. V. 1974, Blenk, H. / Schulz, W. (Hrsg.). Köln. DGLR. 1975. 365 S., 294 Abb., DM 78,–.

Das Jahrbuch 1974 enthält die Druckfassung der von der DGLR 1974 veranstalteten und in London gehaltenen 7. Reynolds-Prandtl-Vorlesung: Anwendung numerischer Methoden in der Strömungsmechanik von F. Krause sowie die 15. Otto-Lilienthal-Vorlesung, gehalten in Paris: Gedanken über zukünftige Aufgaben der Europäischen Luftfahrtindustrie auf dem Gebiet der zivilen Luftfahrt von C. Dornier jr. Unter den weiterhin abgedruckten 12 Hauptvorträgen der Jahrestagung der DGLR in Kiel finden sich Vorträge zu Entwicklungstendenzen im Flugbau (W. Herbst), über transsonische Tragflügelauslegung und ihre Auswirkung auf die Flugleistungen (M. Lotz), zu Fragen der Steuerung und Stabilisierung von Fluggeräten (R. Staufenbiel), über die Entwicklung und Anwendungsmöglichkeit von Bauweisen aus faserverstärkten Werkstoffen (M. Fleming), über neue Erkenntnisse des Aufbaus der hohen Atmosphäre (W. Dieminger), zu Problemen der Ermittlung von Lärmschutzbereichen, zum Schutz gegen Fluglärm (E. Koppe, H. Leinemann, K. Matschat, E.-A. Müller) und zu Grundlagen der Schadstoffemission (Th. Just). Weiterhin finden sich Vorträge mit vorwiegend militärischem Aspekt (Die Technik des Flugzeuges MRCA und seiner Systeme von H. Langfelder).

Sehr umfassend zeigen die Beiträge über Raumfahrt, welche wirtschaftlichen Möglichkeiten hier noch erschlossen werden können. So die Vorträge: Das Weltraumlabor Spacelab und seine Nutzung von G. Eggers und: Zukünftige Entwicklung der Fernerkundung von Ph. Hartl.

Neben einem weiteren Beitrag von H. Fritz und U. Wittek zur Stabilität elastischer Schalen beschränkt sich danach der Teil „Allgemeines" auf Nachrufe für verstorbene Mitglieder der DGLR und einen Kurzbericht über die Tätigkeit der DGLR im Jahre 1974. Der gut ausgestattete Band, der, wie im Vorwort ausgeführt, aus finanziellen Gründen möglicherweise keinen Nachfolger haben wird, zeigt wiederum eindrucksvoll die Vielfalt der gegenwärtigen Probleme in Luft- und Raumfahrt.

Dresden D. Benndorf

Gyrodynamics, Euromech 38 Colloquium, Hrsg. Willems, P. Y., Berlin–Heidelberg–New York. Springer-Verlag. 1974. VII, 281 S., 99 Abb., DM 48,–. US $ 19.60.

Der vorliegende Band enthält die Druckfassungen der Vorträge, die auf dem Euromech-Kolloquium 38 „Gyrodynamics" vom 3.–5. September 1973 an der Universität Louvain-la-Neuve gehalten wurden. Das Kolloquium stand unter der Leitung der Professoren F. Buckens, K. Magnus, L. Maunder und P. Y. Willems. Unter den 35 abgedruckten Vorträgen finden sich Beiträge zu dynamisch abgestimmten Kreiselinstrumenten (L. Maunder), zur automatischen Aufstellung nichtlinearer Bewegungsgleichungen für Systeme mit vielen Freiheitsgraden (J. Wittenburg), über Reibungseffekte in der Kinetik der Kreisel, insbesondere bei 1- und 2-Rahmen-Kreiseln sowie bei spitzengelagerten Kreiseln (K. Magnus), über den Einfluß einer Rotation auf die stationäre Resonanz eines Feder-Masse-Systems unter harmonischer Erregung (J. A. Linnett), über den Einfluß der Schubverformung bei der Berechnung der kritischen Geschwindigkeiten rotierender Wellen (F. Buckens), über das nichtlineare Verhalten rotierender Wellen (T. E. Leinonen), über das Bewegungsverhalten elastisch gelagerter Rotoren mit innerer Dämpfung (H. Pichert), über Grenzzyklen des Systems, das einer verallgemeinerten Van der Pol-Gleichung genügt (A. W. Babister), über erste Integrale kontrollierter mechanischer Systeme (K. Popp u. P. C. Müller), über verbrauchsoptimale Drehungen um eine körperfeste Achse (P. Sagirow), über Probleme der Drehbewegungen bei Satelliten der ESRO (D. N. Soo), über Bewegungsgleichungen von Mehrkörpersystemen mit translatorischen und rotatorischen Freiheitsgraden (F. W. Ossenberg-Franzes), über die Gleichgewichtslagen umlaufender Gyrostaten (A. Anchev; L. Lilov), über die stationären Bewegungen eines umlaufenden Satelliten (M. Pascal), zur dynamischen Stabilität rotierender flüssigkeitsgefüllter Körper (P. Kulla) und zu vielen anderen Themen. Der gut ausgestattete Band zeigt überzeugend die Vielfalt und Tragweite des auf dem Euromech-Kolloquium behandelten Forschungsgebietes.

Berlin G. Schmidt

Litwiniszyn, J., Stochastic Methods in Mechanics of Granular Bodies, Course held at the Deptt. of General Mechanics 1972, Wien-New York. Springer-Verlag. 1974. 93 S., 25 Abb., $ 128,–. DM 18,50. (ICMS Courses and Lectures 93).

Die Monographie, aus Vorlesungen des Autors am Internationalen Mechanikzentrum in Udine, Italien, 1971 entstanden, versucht mit gutem Erfolg das „mittlere" Deformationsverhalten körniger Medien mit Hilfe der Stochastik zu beschreiben. Dazu werden Methoden der Statistischen Mechanik herangezogen. Material- und Kontaktgesetze der Körner gehen nicht explizit in die rein kinematischen Betrachtungen ein. Aus dieser Sicht ist der Titel irreführend.

Vorerst werden zwei Modelle entwickelt und am Experiment der Trichterbildung bzw. Spaltbildung beim Ausfließen von Sand aus einer Bodenöffnung geprüft. Das erste Modell wird durch eine parabolische „Diffusionsgleichung" beschrieben (Fokker-Planck-Kolmogorov-Gleichung) und liefert mit guter Genauigkeit die Fließfläche in großer Entfernung von der Öffnung. Das zweite Modell, durch eine hyperbolische Differentialgleichung vom Typ der Telegraphengleichung gekennzeichnet, läßt unstetige Fließflächen zu, wie sie in Öffnungsnähe beobachtet werden. Beide Modelle sind für inhomogene und anisotrope Stoffe allerdings ohne Übergang formuliert. Mit Hilfe des gemittelten Verschiebungsvektors wird zusammenfassend eine Integraldarstellung vorgeschlagen. Für homogene Materialien wird die Lösung mit der Fouriertransformation diskutiert. Ein zweiter Weg analog zur Kolmogorov-Vorgangsweise in der Theorie der Markov-Prozesse wird ebenfalls skizziert und „physikalisch" interpretiert.

Spezielle Deformationsfelder von experimenteller und ingenieurmäßiger Bedeutung schließen das Werk und zeigen eine erstaunliche Übereinstimmung der „kinematischen" Vielteilchentheorie mit Messungen. Zahlreiche Druckfehler und „Konferenzenglisch" erschweren die Lesbarkeit, doch wird der ingenieurmäßig orientierte Stochastiker aus den vorgestellten Anwendungen der „reinen Theorie" profitieren. Der Bodenmechaniker wird als Leser jedenfalls Wissen aus einem Universitätskurs aus Angewandter Stochastik mitbringen müssen, um den Ausführungen folgen zu können.

Wien F. Ziegler

Mönch, E., Einführungsvorlesung Technische Mechanik, 2. verb. Auflage, München-Wien. R. Oldenbourg Verlag. 1973. 256 S., DM 38,–.

Das vorliegende Buch unterscheidet sich von der 1. Auflage nur geringfügig.

Der Verfasser gibt eine kurze, relativ abgeschlossene Einführung in die Technische Mechanik. Er wendet sich an Studienanfänger, die die Technische Mechanik als Nebenfachausbildung zu absolvieren haben. Der systematische Aufbau des Buches sowie auch die zahlreichen Beispiele und Bilder erleichtern die selbständige Einarbeitung in das Gebiet.

Das Buch ist in die Abschnitte Statik der starren Körper, Festigkeitslehre und Dynamik gegliedert. Im Abschnitt Statik der starren Körper werden ebene und räumliche Kräftesysteme und das Prizip der virtuellen Verschiebungen erläutert. Dabei spielen die Bestimmung von Auflagerreaktionen und Schnittgrößen, einfache ebene Fachwerke und Reibungsprobleme eine besondere Rolle. Mit den wichtigsten Angaben über Spannungen und Formänderungen wird der Abschnitt Festigkeitslehre eingeleitet. Schwerpunktmäßig wird in diesem Abschnitt die Biegung des geraden Balkens behandelt. Es werden aber auch Fragen der Torsion, des Festigkeitsnachweises, der Knickfestigkeit und der Seilstatik angesprochen.

Der Abschnitt Dynamik führt in die Beschreibung der Bewegung des Massenpunktes und des Punkthaufens ein. Das Prinzip von d'Alembert, die diskreten Schwingungen bis zu zwei Freiheitsgraden, der Drallsatz, der Stoß und die Näherungstheorie des Kreisels sollen aus dem behandelten Stoff hervorgehoben werden.

Berlin W. Kaiser

Murthy, V. K., The General Point Process, Applications to Structural Fatigue, Bioscience, and Medical Research, Massachusetts. Addison-Wesley Publishing Company. 1974. XVIII u. 604 S., cloth binding US $ 22.50, paper binding US $. 13.50.

Der Autor beschäftigt sich mit Problemen der Theorie, vor allem aber der Anwendung modifizierter Erneuerungsprozesse, wobei die Ausführungen über statistische Aufgaben und Modelle biologischer und medizinischer Prozesse besonderes Interesse verdienen. (Der Titel des Buches ist nicht glücklich gewählt, da mit den modifizierten Erneuerungsprozessen — die der Autor „general point processes" nennt — nur eine sehr spezielle Klasse zufälliger Punktprozesse behandelt wird.)

Die benutzten mathematischen Modelle und ihre Eigenschaften werden in den Kapiteln 1 (modifizierte Erneuerungsprozesse), 3 (kumulative Erneuerungsprozesse), 4 (mehrdimensionale Erneuerungsprozesse), 6 (fatigue damage models, d. h. Modelle, bei denen das Überschreiten eines Niveaus durch einen geeigneten stochastischen Prozeß zum Ausfall des betrachteten Elements oder Systems führt) und 7 (Überlagerungen von Erneuerungsprozessen) behandelt. Statistischen Problemen gewidmet sind die Kapitel 2 (Schätzung der Varianz der Anzahl der Erneuerungen in $(0, t)$), 5 (Schätzung der Varianz der Anzahl der Erneuerungen bei zweidimensionalen Erneuerungsprozessen), 8 (Ermittlung von Lebensdauerverteilungen) sowie 9 und 10 (Schätzungen der Zuverlässigkeitsfunktion und Fehlerrate, insbesondere für log-Normalverteilungen und Weibull-verteilungen). Die Kapitel 11 und 12 enthalten die biomathematischen Anwendungen, z. B. einen Markowschen Erneuerungsprozeß als Modell des Reproduktionsprozesses von Mengen von Frauen und eine Beschreibung digitalisierter EKGs als Erneuerungsprozesse.

Das Buch enthält umfangreiche Literaturangaben, insbesondere zu den in den Kapiteln 6, 11 und 12 behandelten Problemen. Insgesamt dürfte es wertvoll sein für Leser, die sich für statistische Probleme bei Erneuerungsprozessen, für Zuverlässigkeitstheorie und Biomathematik interessieren.

Freiberg D. Stoyan

Nitsche, J. C. C., Vorlesungen über Minimalflächen, Berlin-Heidelberg-New York. Springer-Verlag. 1975. XIII, 775 S., 86 Abb., DM 196,–. US $ 84.30. (Die Grundlehren der Mathematischen Wissenschaften Bd. 199).

Eine Besprechung dieses Buches ist eigentlich überflüssig, da man wohl den in Rede stehenden Gegenstand nicht besser darstellen kann. Dargeboten wird die Theorie der Minimalflächen vorwiegend im dreidimensionalen Raum. Dies wird so erschöpfond getan, daß offensichtlich alle Gesichtspunkte zur Sprache kommen. Dabei ist durch den Verfasser — selbst ein führender Fachmann auf diesem Gebiet — auch der neueste Stand berücksichtigt worden; z.B. wird die neue Entwicklung bei den Fragen der Singularitätenfreiheit der Lösungen (Fehlen von Windungspunkten) des Plateauschen Problems dargestellt. Überall sind ferner interessante geschichtliche Bemerkungen eingestreut, und selbst Hinweise zum experimentellen Realisieren von Minimalflächen durch z.B. Fingernagellack werden gegeben. Stets wird auch das interessante konkrete Detail gebührend bedacht und nicht großspurig im Interesse recht allgemeiner und recht abstrakter Theorien übergangen, wie heutzutage vielfach in der mathematischen Literatur üblich geworden. Die Darstellung ist niemals trocken und die Lektüre ein wirklicher Genuß. Letzteres wird wesentlich gefördert durch eine gute technische Organisation des Ganzen und einen herrlich altmodisch-klaren Vortrag, der einfach so ist, wie man denkt und der nicht krampfhaft versucht, durch möglichst abstrakte Symbolik etc. zu verschleiern, was der Leser dann ebenso mühsam sowieso wieder in normale Sprache zurück übersetzen muß. Der Leser spürt eben ständig, daß er es mit Mathematik voller Saft und Kraft zu tun hat. Daß das Buch auch durchaus monographischen Charakter hat, erkennt man schon an der Tatsache, daß das Literaturverzeichnis sich über 55 Seiten erstreckt.

Halle R. Kühnau

Roseau, M., Equations différentielles, Paris. Masson. 1976. 143 S.

This booklet could be used in connection with a one-semester graduate-level course on ordinary differential equations for students of mathematics and technical sciences. The first chapter is introductory in nature and provides some definitions and results of the theory of linear operators in vector spaces. In the chapters 2 and 3 the author studies systems of linear differential equations both in the real (stability, perturbation, structural properties) and in the complex domain (singular points). Chapter 4 is concerned with nonlinear differential systems. Existence, uniqueness, continuous dependence on initial conditions and on parameters, periodic solutions, averaging method, are questions the author deals with. Chapter 5 contains the method of synchronization. The chapters 6 and 7 are mainly concerned with periodic solutions too, but now Banach space methods are used. Finally some results on functional differential equations in Banach spaces are discussed. Exercises are given for most of the sections at the end of the book.

Rostock G. Maess

Heinhold, J., Einführung in die Höhere Mathematik, Teil 1, 350 S., 69 Abb., DM 44,—. **Heinhold, J. / Behringer, F.**, Einführung in die Höhere Mathematik, Teil 2: Infinitesimalrechnung, 563 S., 109 Abb., DM 44.—. München-Wien. Carl Hanser Verlag. 1976.

Das Ziel der vierbändigen „Einführung in die höhere Mathematik" ist die einheitliche Darstellung des Stoffes einer Vorlesung „Höhere Mathematik I bis IV" an einer Technischen Hochschule auf dem Boden der modernen Mathematik.

In Teil I wird nach einer Einführung der Zahlensysteme die Mengenlehre in ihrer Verknüpfung mit der mathematischen Statistik behandelt, dabei werden die Elemente der Wahrscheinlichkeitstheorie auf einfache Probleme der Zuverlässigkeitstheorie angewendet und die binomische und hypergeometrische Verteilung eingeführt. Nach einer kurzen Behandlung rationaler Funktionen werden Vektorräume und Punkträume (affine Räume), Determinanten und Matrizen ausführlich diskutiert. Bei der anschließenden Behandlung linearer Gleichungssysteme bildet das Lösungsverfahren nach Gauss-Jordan den Schwerpunkt. In dem Kapitel über lineare Abbildungen und Transformationen wird ausführlich auf Semibilinearformen, Hermitesche und quadratische Formen eingegangen. Kurz werden Eigenwertprobleme behandelt, wobei auch einige Hinweise für die numerische Lösung gegeben werden. Das abschließende Kapitel über analytische Geometrie baut auf den Ergebnissen über lineare Abbildungen von Vektorräumen sowie auf denen über Eigenwertprobleme auf, behandelt werden Quadriken (Hyperflächen zweiter Ordnung) und speziell Kurven und Flächen zweiter Ordnung.

Teil II des Werkes ist der Infinitesimalrechnung gewidmet. Aufbauend auf den Ergebnissen des Teiles I zur linearen Algebra und auf vorangestellte Grundbegriffe über topologische Räume werden zunächst Cauchy-Folgen in allgemeinen normierten linearen Räumen behandelt. Auf Matrix- und Vektornormen wird eingegangen, als Anwendung folgen Ergebnisse über die Lösung linearer Gleichungssysteme mit dem Banachschen Fixpunktsatz sowie Rechengesetze und Beispiele für endlichdimensionale normierte lineare Räume (gemeinsam für den Körper der reellen oder komplexen Zahlen). Unendliche Reihen werden als spezielle Folgen allgemein untersucht, breiteren Raum nimmt die Definition spezieller Funktionen durch Potenzreihen ein. An die Definition des Logarithmus schließt sich, als Einführung in die Nomographie, die Verwendung logarithmischer und anderer Funktionsskalen an. Ausführlich werden Grenzwerte von Abbildungen und darauf aufbauend stetige Abbildungen linearer Räume behandelt, einschließlich des Satzes von Weierstrass über die Existenz von Maximum und Minimum einer auf einer kompakten Menge stetigen reellwertigen Abbildung. Die Definition der Abbildung wird an einfachen Beispielen erläutert und ausführlich physikalisch interpretiert. Die Differentialoperatoren grad, div und rot werden eingeführt, lokale Extrema werden bestimmt und die Differentiationsregeln erläutert. Ausführlich wird auf Mittelwertsätze und Taylor-entwicklungen eingegangen. In dem abschließenden Kapitel über Integrale wird als Anwendung der Theorie auf Bogenlänge und Kurvenintegrale, auf numerische Integrationsmethoden, auf uneigentliche Integrale, Integrale über Funktionen mehrerer Veränderlicher und auf die Sätze von Gauss und Stokes eingegangen.

In beiden Bänden wird die Theorie einheitlich, breit und verständlich entwickelt. Stets werden Definitionen und Sätze herausgearbeitet, deren Voraussetzungen vollständig angegeben werden, was die Benutzung als Nachschlagewerk begünstigt. Wenige, oft einfache Beispiele veranschaulichen die Theorie, Übungsaufgaben und ausführliche Register ergänzen die beiden Bände. Sie können ebenso Studenten der Mathematik wie ihrer Anwenderbereiche empfohlen werden.

Berlin G. Schmidt

Lehmann, E. L., Nonparametrics: Statistical Methods Based on Ranks, San Francisco. Holden-Day, Inc., 1975. 480 S., $ 22.95.

Methoden der nichtparametrischen Statistik gewinnen zunehmend an Bedeutung für viele Probleme der Anwendungen. Im Mittelpunkt des Buches stehen Rang-Tests zum Vergleich von zwei alternativen Behandlungen. Es werden Tests vom Wilcoxon-Typ und damit eng verwandte Testverfahren abgeleitet, die zum großen Teil auch tabelliert und damit praktikabel sind. Die Güte der Verfahren wird verglichen und es werden Empfehlungen für die Anwendung einzelner Tests in konkreten Situationen gegeben. Tests auf Unabhängigkeit und Zufälligkeit in Blöcken sowie randomisierten Blöcken geben eine Übersicht über Erweiterungen der Theorie. Multivariate Probleme werden nicht behandelt.

Berlin H. Toutenburg

Taha, H. A., Integer Programming Theory, Applications and Computations, New York—San Francisco—London. Academic Press. 1975. XII, 380 S., $ 19.50.

Seit 1969 sind mit den Büchern von Korbut/Finkelstein (1969), Burkard (1972), Hu (1969) und Garfinkel/Nemhauser (1972) die ersten lehrbuchmäßigen Darstellungen über diesen noch sehr jungen und in starker Entwicklung befindlichen Zweig der mathematischen Optimierung erschienen.

Das 1975 erschienene Buch von H. A. Taha kann ohne Einschränkungen in die Reihe der oben genannten Standardwerke der ganzzahligen Optimierung eingeordnet werden. In seiner einfachen und klaren Darstellung setzt es kaum spezielle mathematische Vorkenntnisse voraus und ist deshalb sowohl für Mathematiker und Fachleute des Operations Research als auch für Ingenieure und Ökonomen verständlich. Der an Einzelheiten interessierte Leser findet eine Vielzahl von Hinweisen auf die wesentlichsten Originalarbeiten zu den einzelnen Abschnitten. Insgesamt sind etwa 500 (ausschließlich angelsächsische) Literaturhinweise am Schluß des Buches zusammengestellt.

Das Buch umfaßt acht Kapitel. Nach dem einleitenden Kapitel, in dem einige Standardprobleme der ganzzahligen Optimierung formuliert werden, wird der Leser im zweiten Kapitel mit den später benötigten Methoden der linearen Optimierung vertraut gemacht. Die Kapitel 3–6 sind den wichtigsten Methoden der ganzzahligen Optimierung gewidmet: Implizite Enumeration für 0-1-Probleme, branch-and-bound-Methoden, Schnittmethoden und asymptotischer Algorithmus.

Im 7. Kapitel werden für spezielle Probleme (Knapsackproblem, Fixkostenproblem, Standortproblem, Rundfahrtproblem, Mengenüberdeckungsproblem) Algorithmen beschrieben, und das abschließende Kapitel enthält einige knappe Bemerkungen zu numerischen Erfahrungen bei der Lösung ganzzahliger Optimierungsaufgaben.

Alle in den einzelnen Kapiteln beschriebenen Algorithmen werden an kleinen Beispielen illustriert. Eine Auswahl von Aufgaben und Problemen am Schluß jedes Kapitels gibt dem Leser viele Anregungen für eine Beschäftigung mit der ganzzahligen Optimierung.

Freiberg G. Schulz

Mühlbacher, J., Datenstrukturen, München–Wien. Carl Hanser Verlag. 1975. 288 S., 133 Abb., DM 34,–.

Im Buch wird ein wichtiges Gebiet der Informatik, das der Datenstrukturen, beschrieben. Nach einer kurzen Darlegung der benötigten mathematischen Hilfsmittel werden im ersten Teil die formalen Grundlagen der Datenstrukturen behandelt. Hierbei wird nach einer Behandlung der ungerichteten und gerichteten Graphen eine ausführliche Beschreibung der im Zusammenhang mit der formalen Beschreibung von Programmierungssprachen wichtigen Wiener Objekte gegeben, die in einer gut verständlichen Weise gelang. Wichtige Datenstrukturen wie Felder, höher strukturierte Variable, Listen, Stapel usw. werden formal definiert.

Der zweite Teil des Buches ist mehr praktischen Fragen im Zusammenhang mit Datenstrukturen gewidmet. Im einzelnen werden besprochen: Implementierungstechniken für lineare Listen, Grundzüge der dynamischen Speicherverwaltung, Anwendungen des Kellerprinzips, Suchverfahren in linearen Listen, die ausführlich abgehandelt werden und einen größeren Umfang einnehmen, und schließlich die Speicherung und Verarbeitung von Bäumen. Die gut dargestellten Methoden werden durch günstig gewählte Beispiele erläutert. Das wohlgelungene Buch kann allen an diesem speziellen Gebiet der Informatik interessierten Lesern sehr empfohlen werden.

Berlin F. Grund

Brosowski, B. / Kreß, R., Einführung in die Numerische Mathematik, I und II, Mannheim. B. I.-Wissenschaftsverlag. 1976. 338 S., DM 14,80 u. DM 12,80 (Hochschultaschenbücher Bd. 202 u. 211).

Im Gegensatz zum allgemein gehaltenen Titel werden in den zwei Bänden nur ausgewählte Kapitel der numerischen Mathematik behandelt. Hierbei wird das Hauptaugenmerk auf die mathematische Begründung und weniger auf die Durchführung der Methoden gelegt. Hinweise bzgl. der praktischen Durchführung der Methoden und numerische Beispiele sind selten. — Nach einer Einführung in Grundbegriffe der Funktionalanalysis wird die Lösung von linearen und nichtlinearen Gleichungssystemen kurz besprochen. Ausführlich wird das Problem der Approximation abgehandelt, wobei die eindeutige Lösbarkeit der Aufgabe, die Eigenschaften von besten Approximationen, die Abschätzung der Minimalabweichung und schließlich der Konstruktion von besten Approximationen eingegangen wird. Ein weiteres größeres Kapitel befaßt sich mit der Interpolation und numerischen Integration, dem sich eine kürzere Behandlung von Optimierungsaufgaben anschließt. Das gelungene Buch kann allen empfohlen werden, die sich insbesondere für die mathematische Begründung und Herleitung numerischer Methoden, speziell für die Approximation, Interpolation und numerische Integration, interessieren.

Berlin F. Grund

Katzan, H., jr., Computerorganisation und das System/370, München–Wien. R. Oldenbourg Verlag. 1974. 376 S., 132 Abb., DM 78,– (Reihe: Verfahren der Datenverarbeitung).

Die Rechnerfamilien IBM System/360 und IBM System/370 haben den gegenwärtigen Status der Computerarchitektur wesentlich beeinflußt. Das Buch trifft daher auf ein allgemeines Interesse, sich insbesondere mit den Neuerungen des Systems /370 gegenüber früheren Systemen vertraut zu machen. Dies wird zu einem Teil befriedigt. Nach einführenden Kapiteln über Computer- und Programmiersysteme wird die Struktur des Systems/370 beschrieben. Einzeldarstellungen zu den Modellen 135/145/155/165, zu Direktzugriffsspeichern und E/A-Geräten folgen. Anhänge befassen sich mit Mikroprogrammierung, Betriebssystemen und Speicherhierarchien. Sehr deutlich wird die Tendenz sichtbar, neben gesteigerter Leistungsfähigkeit aller Systemkomponenten Betriebssicherheit und Service in der Behandlung von Fehlern noch weiter zu verbessern. Leider wurde das Buch in der Zeit zwischen Bekanntgabe von /370 und Publikation von VS/370 geschrieben. So findet der Leser fast nichts über die für /370 inzwischen charakteristisch gewordenen virtuellen Speicher. Bedauerlich, daß dies bei der Übertragung ins Deutsche nicht behoben werden konnte.

Berlin C. Polze

Berger, A., Einführung in PL/1, Wien–München. R. Oldenbourg Verlag. 1974. 179 S., DM 18,– (Reihe: Fortbildung durch Selbststudium).

Das Buch ist als Hilfsmittel für Schüler höherer Schulen und zum Selbststudium gedacht. Um beim Lesenden schnell eine gewisse Vertrautheit mit der Sprache PL/I und ein Festigen des Gelernten durch Wiederholung zu erreichen, ist das Buch in zwei Teile gegliedert, wobei der zweite den ersten ergänzt und vertieft. Dem Charakter einer Einführung entsprechend wird auf die Darstellung einiger komplizierterer PL/I-Elemente (Parallelverarbeitung, Vorübersetzung) ganz verzichtet, andere, wie z.B. die Laufanweisung, die Parametervermittlung bei Prozeduren und das Blockkonzept, sind nur kurz (nach Meinung des Referenten zu kurz) behandelt. Das Buch ist deutlich auf die Belange der kommerziellen Datenverarbeitung ausgerichtet. So werden an Arithmetiken im wesentlichen Festkomma- und Zeichenkettenverarbeitung behandelt unter Betonung des PICTURE-Attributs, die meisten der vielen Beispiele und Übungen behandeln Probleme dieser Art, die dargestellten Teile der Ein- und Ausgabe sind unter diesem Gesichtspunkt ausgewählt.

Das Buch bietet durch die Art seiner Darstellung eine schnelle Bekanntschaft mit PL/I, bei der aber an einigen Stellen für den Leser der falsche Eindruck entstehen kann, daß er mehr als einige Grundelemente der Sprache kennt.

Berlin W. Issel

EINGEGANGENE BÜCHER

Bei der Schriftleitung sind folgende Bücher eingegangen (ausführliche Besprechung bleibt vorbehalten).

Group Theoretical Methods in Physics. 4. International Colloquium, Nijmegen 1975, Ed. Janner, A. / Janssen, T. / Boon, M., Berlin-Heidelberg-New York. Springer-Verlag. 1976. XIII, 629 S., DM 50,–. US $ 20.50 (Lecture Notes in Physics 50).

Nörenberg, W. / Weidenmüller, H. A., Introduction to the Theory of Heavy-Ion Collisions. Berlin-Heidelberg-New York. Springer-Verlag. 1976. IX, 273 S., 155 Abb., DM 25,–. US $ 10.30 (Lecture Notes in Physics 51).

Young, J. F., Einführung in die Informationstheorie. München-Wien. R. Oldenbourg Verlag. 1975. 206 S., 51 Abb., DM 28,–.

Leitmann, G., Einführung in die Theorie optimaler Steuerung und der Differentialspiele. Eine geometrische Darstellung. München-Wien. R. Oldenbourg. 1974. 232 S., 76 Abb., DM 58,–.

Velte, W., Direkte Methoden der Variationsrechnung. B. G. Teubner. Stuttgart. 1976. 198 S., DM 24,80 (Teubner Studienbücherei Mathematik).

Kulisch, U., Grundlagen des Numerischen Rechnens. Mathematische Begründung der Rechnerarithmetik. Mannheim-Wien-Zürich. B. I.-Wissenschaftsverlag. 1976. 467 S., DM 19,– (Reihe Informatik 19).

Hofer, E. / Lunderstädt, R., Numerische Methoden der Optimierung, München-Wien. R. Oldenbourg Verlag. 1975. 231 S., DM 32,–.

Wille, F., Analysis. Eine anwendungsbezogene Einführung, Stuttgart. B. G. Teubner. 1976. 336 S., 80 Abb., DM 29,–.

Ammon, U. v. / Tröndle, K., Mathematische Grundlagen der Codierung. München-Wien. R. Oldenbourg Verlag. 1974. X, 273 S., DM 38,– (Einführung in die Nachrichtentechnik).

Stetter, H. J., Numerik für Informatiker. Computergerechte numerische Verfahren. Eine Einführung. München-Wien. R. Oldenbourg Verlag. 1976. 149 S., DM 19,80.

Gallagher, R. H., Finite-Element-Analysis, Grundlagen. Übers. aus d. Engl., Berlin-Heidelberg-New York. Springer-Verlag. 1976. XVIII, 395 S., 205 Abb., DM 78,–. US $ 32.00.

Falk, G. / Ruppel, W., Energie und Entropie, Eine Einführung in die Thermodynamik, Berlin-Heidelberg-New York. Springer-Verlag. 1976. XIV. 411 S., 189 Abb., DM 58,–. US $ 23.80.

Schwill, W.-D., Weibezahn, R., Einführung in die Programmiersprache BASIC, Skriptum für Hörer aller Fachrichtungen ab 1. Semester, Braunschweig. Vieweg & Sohn. 1976. 114 S., DM 14,80.

Rutishauser, H., Vorlesungen über numerische Mathematik, Bd. 1: Gleichungssysteme, Interpolation und Approximation, 164 S., sFr. 40.–. Bd. 2: Differentialgleichungen und Eigenwertprobleme, 228 S., sFr 48.–. Basel-Stuttgart. Birkhäuser Verlag. 1976.

Blanc, Ch., Equations aux dérivées partielles, Un cours pour ingénieurs, Basel-Stuttgart. Birkhäuser Verlag. 1976. 136 S., sFr 28.–. (ISNM 34)

Moderne Methoden der Numerischen Mathematik, Tagung vom 10.–13. 6. 1975 im Rahmen der 200-Jahr-Feier der Technischen Universität Clausthal, Hrsg. Albrecht, J. / Collatz, L., Basel-Stuttgart. Birkhäuser Verlag. 1976. 175 S., sFr 34.–. (ISNM 32)

Numerische Behandlung von Differentialgleichungen, Bd. 2, Tagung am Mathematischen Forschungsinstitut Oberwolfach vom 17.–22. 11. 1975, Hrsg. Albrecht, J. / Collatz, L., Basel-Stuttgart. Birkhäuser Verlag. 1976. 276 S., sFr 44.–. (ISNM 31)

GI – 6. Jahrestagung, Stuttgart vom 29. 9.–1. 10. 1976, Hrsg. Neuhold, E. J., Berlin-Heidelberg-New York. Springer-Verlag. 1976. X, 484 S., 88 Abb., 8 Tab., DM 39,–. US $ 16.–. (Informatik-Fachberichte 5)

Sampson, J. R., Adaptive Information Processing: An Introductory Survey. Berlin-Heidelberg-New York. Springer-Verlag. 1976. X, 214 S., 83 Abb., DM 36,50. US $ 14.80. (Reihe: Texts and Monographs in Computer Science)

Joseph, D. D., Stability of Fluid Motions II. Berlin-Heidelberg-New York. 1976. Springer-Verlag. XIV, 274 S., 39 Abb., DM 97,–. US $ 39.80. (Springer Tracts in Natural Philosophy 28)

Zeleny, M. (Hrsg.) Multiple Criteria Decision Making Kyoto 1975. Berlin-Heidelberg-New York. Springer-Verlag. 1976. XXVII, 345 S., DM 32,–. US $ 13.20. (Lecture Notes in Economics and Mathematical Systems 123)

Multiple Criteria Decision Making. Proceedings of Conference Held at Jouy-en-Josas 1975, Hrsg. Thiriez, H. / Zionts, S., Berlin-Heidelberg-New York. Springer-Verlag. 1976. VI, 409 S., DM 35,–. US $ 14.40. (Lecture Notes in Economics and Mathematical Systems 130)

Critical Phenomena. Sitges International School on Statistical Mechanics, June 1976, Hrsg. Brey, J. / Jones, R. B., Berlin-Heidelberg-New York. Springer-Verlag. 1976, XI, 383 S., 50 Abb., DM 32,–. US $ 13.20. (Lecture Notes in Physics 54)

Bizám, G. / Herczeg, J., Logik macht Spaß. 85 Aufgaben mit Lösungen, Budapest. Akadémiai Kiadó. 1976. 391 S., Ft 160.–.

Findley, W. N. / Lai, J. S. / Onaran, K., Creep and relaxation of nonlinear viscoelastic materials with an introduction to linear viscoelasticity. Amsterdam-New York-Oxford. North-Holland. 1976. XIII, 367 S., Dfl. 85.–. US $ 34.50. (Applied Mathematics and Mechanics 18)

Hinchey, F. A., Vectors and Tensors. For engineers and scientists, New Delhi. Wiley Eastern Limited. 1976. XI, 298 S., £ 2.50. $ 4.25.

Bosch, K., Elementare Einführung in die Wahrscheinlichkeitsrechnung. Braunschweig. Vieweg. 1976. X, 192 S.

Olver, F. W. J., Asymptotics and Special Functions. New York-San Francisco-London. Academic Press. 1974. XVI, 572 S., $ 39.50. (Computer Science and Applied Mathematics)

Dym, H. / McKean, P., Gaussian Processes. Function Theory, and the Inverse Spectral Problem, New York-San Francisco-London. Academic Press. 1976. XI, 333 S., $ 35.–. (Probability and Mathematical Statistics 31)

Aczél, J. / Daróczy, Z., On Measures of Information and Their Characterizations. New York-San Francisco-London. 1975. Academic Press. XII, 234 S., $ 24.50. (Mathematics in Science and Engineering 115)

Kallenberg, O., Random Measures. Berlin. Akademie-Verlag. 1976. London-New York-San Francisco. Academic Press. 1976. 104 S., M 28,–.

James, I. M., The Topology of Stiefel Manifolds. Cambridge-London-New York-Melbourne. Cambridge University Press. 1976. VIII, 168 S., £ 3.95 A. (London Mathematical Society Lecture Note Series 24)

Huilgol, R. R., Continuum Mechanics of Viscoelastic Liquids, Delhi. Hindustan Publishing Corpn. 1975. XX, 367 S., $ 27.–.

Ashwell, D. G. / Gallagher, R. H. (Hrsg.), Finite Elements for Thin Shells & Curved Members, London-New York-Sydney-Toronto. John Wiley & Sons. 1976. XI, 268 S., £ 11.00. $ 22.00.

Zierep, J., Theoretische Gasdynamik, 3. erweit. Aufl., Karlsruhe. G. Braun. 1976. 514 S., 241 Abb., DM 42,–. (Reihe: Wissenschaft und Technik)

Kuhnert, F., Pseudoinverse Matrizen und die Methode der Regularisierung. Leipzig. BSB B. G. Teubner Verlagsgesellschaft. 1976. 87 S., 2 Abb., M 9,80. (Teubner-Texte zur Mathematik)

Oden, J. T./Reddy, J. N., An Introduction to the Mathematical Theory of Finite Elements. New York-London-Sydney-Toronto. John Wiley & Sons. 1976. XII, 429 S., £ 17.50. $ 32.00.

Klein, W., Mehrtheorie. Berlin. Akademie-Verlag. 1976. XIII, 178 S., M 24,–.

Bei Fragen zur Produktsicherheit wenden Sie sich bitte an:
If you have any questions regarding product safety,
please contact:

Walter de Gruyter GmbH
Genthiner Straße 13
10785 Berlin
productsafety@degruyterbrill.com